Pat Precin

# Arranjo estrutural da miosina

Pat Precin

# Arranjo estrutural da miosina

## Provas da disposição das pontes cruzadas no músculo estriado dos vertebrados

ScienciaScripts

**Imprint**



Cover image: www.ingimage.com

This book is a translation from the original published under ISBN 978-3-659-89096-3.

Publisher:
Sciencia Scripts
is a trademark of
Dodo Books Indian Ocean Ltd. and OmniScriptum S.R.L publishing group

120 High Road, East Finchley, London, N2 9ED, United Kingdom
Str. Armeneasca 28/1, office 1, Chisinau MD-2012, Republic of Moldova, Europe
Managing Directors: Ieva Konstantinova, Victoria Ursu
info@omniscriptum.com

Printed at: see last page
**ISBN: 978-620-8-58903-5**

# Índice

**Resumo**

A estrutura geral do filamento de miosina é conhecida desde os estudos clássicos de difração de raios X de Huxley e Brown (1963). No entanto, uma das caraterísticas cruciais, nomeadamente, a ordenação do filamento ou o número de pontes cruzadas de miosina por repetição de 143 angstrom, tem sido controversa (Squire, 1981). A análise das proteínas miofibrilares por meio de géis unidimensionais de poliacrilamida com dodecil sulfato de sódio produziu resultados contraditórios (Morimoto & Harrington, 1974; Pepe & Drucker, 1979; Tregear & Squire, 1973; Potter, 1974; Yates & Greaser, 1981). Pepe e Drucker propuseram que a variação nos resultados se devia ao método de preparação miofibrilar. O presente estudo envolveu, em primeiro lugar, a reinvestigação da estequiometria da miosina para actina a partir de géis unidimensionais de miofibrilhas preparadas por uma variedade de procedimentos. Em geral, estes dados confirmaram os resultados globais de Pepe e Drucker (1979). O número de moléculas de miosina por repetição de 143 angstrom foi de 2,6 mais ou menos 0,30 para miofibrilas preparadas por ressuspensão em sal padrão, 3,5 mais ou menos 0,4 para miofibrilas preparadas por glicerinação rápida e 3,6 mais ou menos 0.Uma questão crítica é saber se as diferenças na concentração de actina durante a glicerinação prolongada, a glicerinação rápida e a lavagem durante a noite resultaram da perda de actina ou da remoção de contaminantes que comigam com a actina. Ao examinar a questão da eletroforese a duas dimensões, foi utilizado dodecil sulfato de sódio na primeira dimensão e focalização isoeléctrica na segunda dimensão em preparações miofibrilares de músculo de coelho. A aldolase e as suas isoformas (pK de 8,5, 8,6, 8,7) e a creatina quinase (pK 7,3) comigraram com a banda de actina na eletroforese de dodecil sulfato de sódio, mas podem ser distinguidas da actina na focalização isoeléctrica. No entanto, não foi possível quantificar as proporções de contaminantes de actina devido à falta de resolução clara utilizando os sistemas de focalização isoeléctrica disponíveis. Assim, os presentes resultados sugerem que os valores da relação actina/miosina durante a purificação das miofibrilhas reflectem a remoção de contaminantes que comigram com a actina. Estes resultados tendem a confirmar uma disposição de 3 a 4 cadeias para o filamento de miosina, mas é necessária uma análise estequiométrica mais precisa para fundamentar esta interpretação provisória.

# Capítulo 1
# INTRODUÇÃO

A estrutura geral do filamento de miosina é conhecida desde os estudos clássicos de difração de raios X de Huxley e Brown (1963). No entanto, uma das caraterísticas cruciais, nomeadamente, a ordenação do filamento ou o número de pontes cruzadas de miosina por 143 angstrom (um décimo de bilionésimo de metro) repetido, tem sido controversa (Squire, 1981). Vários métodos têm sido utilizados para estudar a ultra-estrutura do filamento de miosina. Inicialmente, a microscopia eletrónica e a difração de raios X geraram dados sobre o padrão de linhas de camadas, a super-rede e o sistema de empacotamento. A visualização direta da subestrutura do filamento de miosina tem sido possível através do emprego de técnicas de marcação com anticorpos, análises de reconstrução por computador, dispersão para melhorar o nível de resolução obtido no electromicrograma. A relação entre o peso da actina e o da miosina foi também investigada por vários métodos bioquímicos, como a eletroforese em gel de poliacrilamida com dodecil sulfato de sódio (Borejo & Assulin, 1980); Cohen & Murphy, 1979; Morimoto & Harrington, 1974; Pepe & Drucker, 1979; Tregear & Squire, 1973; Potter, 1974; Yates & Greaser, 1981), dispersão de electrões (Lamvik, 1978), extração (Hanson & Huxley, 1957; Huxley, 1960), contagem de partículas (Morimoto & Harrington, 1974) e sedimentação (Emes & Rowe, 1978).

## Estrutura geral do filamento de miosina

**Observações clássicas de microscopia eletrónica.** Os primeiros estudos de microscopia eletrónica indicaram estrias transversais finas com um intervalo de aproximadamente 400 angstroms nas bandas A do sarcómero dos vertebrados (Huxley, 1957; Page & Huxley, 1963). As estrias transversais finas na banda A parecem ser causadas por conexões cruzadas em intervalos axiais de 400 angstroms entre um par de filamentos de actina e miosina. Como cada filamento de miosina estava rodeado por seis filamentos de actina vizinhos mais próximos, Huxley (1957) concluiu que existem aproximadamente seis pontes cruzadas num comprimento de filamento de 400 angstroms.

**Estudos de difração de raios X.**

***Padrões de linhas de camadas de miosina em músculo relaxado.*** Os métodos de difração de raios X deram um contributo importante para a elucidação da estrutura do filamento de miosina. As fibras longitudinais dos músculos esqueléticos relaxados dos vertebrados apresentam um padrão caraterístico de difração de raios X a baixo ângulo (Elliott, 1964; Elliott, Lowy, & Millman, 1967; Huxley & Brown, 1967). O padrão de difração é constituído por reflexões equatoriais ao longo das linhas de camada e por reflexões meridionais relacionadas com periodicidades axiais no sarcómero (Squire, 1981). Huxley e Brown (1967) encontraram uma série de linhas de camada da ordem de 429 angstrom de repetição axial, que foram atribuídas a periodicidades ao longo do filamento de miosina. As linhas de camada 3, 6, 9, etc. têm fortes intensidades no meridiano, enquanto as outras linhas de camada têm maiores intensidades fora do meridiano. O padrão das linhas de camada foi atribuído a um conjunto helicoidal de projecções de miosina, com uma repetição helicoidal de 429 angstroms e uma translação axial da subunidade de 143 angstroms. Uma vez que a intensidade máxima nas linhas de camada 1, 2, 4 e 5 está mais próxima do meridiano do que o padrão de actina, a hélice de unidades difractantes tem um raio maior do que a hélice de actina, consistente com a conclusão de que as cabeças de miosina no filamento espesso dão a repetição de 429 angstrom. A evidência adicional para esta conclusão provém de linhas de linhas amostradas, que são reflexões em linhas de camadas paralelas ao meridiano num padrão de difração de raios X. Huxley e Brown (1967) mostraram que as linhas de camada de repetição de 429 angstrom são amostradas por estas linhas de linha, dando informações sobre o empacotamento lateral das unidades de difração. Verificaram também que os máximos de intensidade nas linhas da primeira e da segunda camada se situam em linhas de fileira diferentes das reflexões no equador e na linha da terceira camada, descrevendo um deslocamento axial entre moléculas adjacentes de 1/3 da repetição axial de 429 angstroms, gerando assim uma super-rede com um lado que é três vezes o lado da rede. A existência de uma super-rede sugere que o filamento de miosina tem uma simetria rotacional de seis vezes (isto é, simetria hexagonal) e pelo menos uma simetria de parafuso de três vezes. Assim, as pontes cruzadas estão dispostas numa hélice 6/2, ou seja, duas cadeias helicoidais de pontes cruzadas, cada cadeia helicoidal contendo seis pontes cruzadas por volta, estando as pontes dispostas aos pares (uma ponte de cada lado do filamento). A hélice tem um passo de 2 x 429 angstroms e uma translação axial da subunidade de 143 angstroms, com cada ponte cruzada rodada em relação às suas vizinhas em 120 graus.

***Super-rede***. Evidências adicionais relacionadas com a simetria podem ser obtidas a partir da super-rede da miosina. Em estudos sobre o músculo Sartorius da rã, que se supõe ter uma super-rede perfeita, Squire (1981) demonstrou que as simetrias helicoidais de duas cadeias (6/1), três cadeias (9/1) e quatro cadeias (6/1) dariam um ambiente caraterístico de pontes cruzadas para os filamentos de actina nos pontos trigonais da rede. Apenas num caso seria fornecida uma explicação óbvia para a ocorrência da supra-rede de filamentos de miosina observada e esse caso era o modo de três cadeias.

***Esquemas de empacotamento***. Outro método de estudo da presença de filamentos na miosina consiste em conceber esquemas de empacotamento baseados em informações conhecidas sobre a molécula de miosina e o seu ambiente. Huxley (1963) propôs um esquema para a estrutura dos filamentos de miosina no músculo esquelético de vertebrados com base em estudos de microscopia eletrónica da molécula de miosina, filamentos de miosina naturais e sintéticos e micrografias electrónicas de músculo intacto. As projecções das espinhas dorsais cilíndricas dos filamentos de miosina são presumivelmente formadas a partir das cabeças globulares da miosina. As porções de haste da molécula de miosina estão contidas nas espinhas dorsais. Ele definiu uma zona nua, uma região livre de projecções, a meio caminho dos filamentos. Em seguida, propôs um modelo em que os filamentos têm uma polaridade de ponta a ponta, ou seja, as moléculas de um lado da zona nua estão orientadas de forma antiparalela às do outro lado. Este esquema é agora aceite como a forma geral de associação da miosina nos músculos que contêm filamentos cilíndricos de miosina. Resta a questão do modelo de empacotamento detalhado, ou seja, a disposição precisa das porções de haste da molécula de miosina nas espinhas dorsais e a distribuição das projecções de miosina na superfície dos filamentos de miosina. Pepe (1967, 1971) propôs um modelo de empacotamento específico para os filamentos do músculo esquelético dos vertebrados, baseado numa hélice 6/2 de duas cadeias (Huxley & Brown, 1967). Posteriormente, uma abordagem mais geral da estrutura dos filamentos de miosina nos músculos de vertebrados e invertebrados foi proposta por Squire (1971, 1972, 1973), que examinou uma série de modelos simples de empacotamento para os filamentos de miosina. Em particular, Squire (1971, 1972) mostrou que os dados originais de difração de raios X também podiam ser explicados por três hélices 9/1 de projecções de passo de 1296 angstroms ou uma hélice 6/1 de quatro fios de passo de 864 angstroms, para o músculo dos vertebrados, ou uma hélice 16/1 de seis fios de passo de 2310 angstroms para o músculo dos insectos. O seu modelo é mais plausível do que o modelo de duas fitas apresentado por Reedy (1967, 1968) devido às proporções relativas de actina e miosina no músculo dos insectos (Bullard & Reedy, 1972; Chaplain & Tregear, 1966; Reedy et al., 1972; Tregear & Squire, 1973). O modelo de Squire está de acordo com o modelo de três filamentos para os filamentos espessos no músculo esquelético dos vertebrados e com o modelo de seis filamentos para os filamentos espessos no músculo dos insectos. O modelo também se baseou em estudos de "fitas de miosina" no músculo liso (Small & Squire, 1972), embora o seu trabalho tenha sido posteriormente considerado incorreto (Somlyo, 1979). Squire assumiu que as estruturas dos diferentes filamentos de miosina estão relacionadas, uma vez que o padrão geral das matrizes de pontes cruzadas dos diferentes tipos de filamentos é razoavelmente semelhante. Por exemplo, uma rede de superfície pode ser transposta para outra, torcendo ou destorcendo ligeiramente a hélice. O modelo geral também assume que as hastes de miosina tendem a fechar-se, minimizando assim a energia potencial do sistema.

Squire (1973) desenvolveu o seu modelo de três cadeias deduzido de um esquema geral de empacotamento em que todas as moléculas de miosina são equivalentes, enquanto o modelo de duas cadeias de Pepe (1966, 1967) foi deduzido de caraterísticas estruturais da banda A e dos filamentos de miosina. Os dois modelos apresentam outras diferenças. Pepe (1966, 1967) propôs que o filamento de miosina é composto por unidades estruturais, que podem ser constituídas por uma ou mais moléculas de miosina. Estas estão inclinadas tanto em relação ao eixo longo do filamento de miosina como em torno do eixo, sendo os ângulos de inclinação 3°.

Pepe e Dowben (1977) testaram estes dois modelos através de observações microscópicas electrónicas de perfis transversais dos filamentos de miosina. Os seus resultados apoiam o modelo de dois filamentos de Pepe (1966, 1967). No entanto, Luther e Squire (1980) apresentaram provas que apoiam um modelo de três filamentos em estudos de microscopia eletrónica de secções transversais através da região nua. Verificaram que os eixos dos filamentos grossos têm uma forma triangular e que esta orientação dá origem a uma super-rede com a mesma forma e tamanho que a de Huxley e Brown (1967), mas com conteúdos diferentes. Os filamentos de miosina com uma simetria rotacional tripla (Luther, 1978) estão dispostos com uma ou duas orientações que estão separadas por 60° ou 180°.

## Observações recentes de microscopia eletrónica.

***Visualização direta da subestrutura do filamento de miosina.*** Os métodos de microscopia eletrónica também têm sido utilizados para a visualização direta das pontes cruzadas no filamento grosso. Um desses métodos envolve a análise de filamentos espessos isolados. Os filamentos espessos isolados não são muito fiáveis para mostrar uma disposição regular das projecções, mas mostram uma periodicidade axial de aproximadamente 140 angstroms. Alguns dos resultados mais convincentes vieram do método de secagem do ponto crítico (Trinick, 1973), que foi utilizado para isolar filamentos espessos antes da microscopia eletrónica. A ordem helicoidal foi estabelecida porque esta técnica reduziu as forças de tensão superficial que normalmente achatam as estruturas biológicas quando colocadas na grelha. Os resultados favoreceram um modelo de três ou quatro cadeias (três ou quatro pontes cruzadas de miosina por repetição de 143 angstrom), mas não um modelo de duas cadeias. Além disso, Davey e Graafhuis (1976) encontraram uma simetria rotacional tripla para a espinha dorsal do filamento espesso. A técnica de replicação em mica foi também utilizada por Trinick e Elliot (1979) para examinar filamentos isolados de miosina de coelho, mas não foi evidente qualquer simetria helicoidal.

Um segundo método consiste em estudar o músculo embebido, contando o número de cabeças que se projectam do filamento espesso em secções transversais e comparando níveis sucessivos de pontes cruzadas em secções transversais seriadas do músculo. Recentemente, foram efectuados estudos sobre o músculo sartório da rã e o músculo do peixe. A informação foi recolhida através de secções transversais em muitas partes diferentes da banda A (Luther, 1978; Luther & Squire, 1978, 1980). Por exemplo, quando as secções foram tiradas das regiões nuas (Pepe, 1971), os filamentos espessos mostram um perfil triangular, dando provas de que todo o filamento, incluindo a disposição das pontes cruzadas, tem uma simetria tripla. Uma simetria tripla também é encontrada na região entre a zona nua e a zona de pontes cruzadas. Aqui, estão presentes caraterísticas espessas em forma de Y com uma clara simetria de três dobras (Luther & Squire, 1978). Estas caraterísticas estruturais foram designadas por pontes M9. As secções transversais do músculo de peixe relaxado favorecem um modelo de três cadeias. A região da ponte mostrou que cada filamento de miosina faz ligações cruzadas com três dos seus seis filamentos de actina vizinhos e cada filamento grosso faz ligações cruzadas nas mesmas três direcções (120° de distância). Finalmente, secções transversais através da ponta da banda A , onde as pontes cruzadas com três raios separados por 120 angstroms se ligam a três dos seis filamentos finos circundantes (Luther, 1978; Freundlich, et al., 1980), sugeriram um modelo de três filamentos. Haw e Rowe (1980) encontraram três miosinas por repetição de 143 angstrom usando microscopia eletrónica. Em conclusão, a maior parte do trabalho de microscopia eletrónica mostrou evidências a favor de um modelo de três cadeias.

Franzini-Armstrong et al., (1983) estudaram o músculo de peixe em rigor, utilizando a fratura por congelação profunda, e encontraram duas formas de pontes cruzadas ligadas à actina. As pontes cruzadas mais estreitas foram interpretadas como S1 simples e as pontes cruzadas mais largas como duas cabeças S1 da mesma miosina, ligadas a dois monómeros de actina adjacentes. Foram calculadas 12% de pontes cruzadas de cabeça simples e 88% de pontes cruzadas de cabeça dupla. As pontes cruzadas provêm de dois filamentos de miosina adjacentes e ligam-se ao filamento de actina. Encontraram também uma média de 8,3 pontes cruzadas por cada seis zonas alvo de actina. A partir destes dados, calcularam 3/2 pontes cruzadas e 5,9 S1 (ou três moléculas de miosina) por coroa, o que dá um filamento de três cadeias nestes músculos. Por conseguinte, a maior parte dos métodos de visualização direta mostram evidências a favor do modelo de três filamentos.

***Estudos de marcação.*** Koretz (1982) utilizou a AMP deaminase, uma enzima grande, plana e tetramérica, como sonda estrutural para se ligar forte e especificamente à região do subfragmento 2 da miosina do músculo esquelético de coelho. A AMP deaminase decora toda a espinha dorsal do filamento, exceto a zona nua, quando não é detectada com uma preparação de filamentos espessos nativos isolados. Foram encontradas onze faixas com um espaçamento de 430 angstroms de cada lado da zona nua. As reflexões de difração ótica destes filamentos marcados mostram um padrão de difração nativo melhorado porque a AMP deaminase se liga ao eixo do filamento com a periodicidade subjacente da miosina e também imobiliza as cabeças da miosina. Foram observadas reflexões indexadas a espaçamentos de 572, 286, 215 e 181 angstroms. Estas reflexões indexam numa hélice primitiva 12/1 como as ordens $3^{rd}$, $6^{th}$, $8^{th}$ e $9^{th}$. Também se observam reflexões mais fracas de 424 e 245 angstroms para indexar numa repetição axial 12/1. Estes resultados são consistentes com uma estrutura quádrupla assimétrica.

***Reconstrução informática de filamentos espessos.*** Stewart et al., (1981) estudaram a posição das subunidades dos filamentos espessos utilizando o processamento de imagens por computador de micrografias electrónicas de secções transversais do músculo esquelético de vertebrados extensivamente reticulado . Os estudos envolvem a difração ótica de micrografias electrónicas e métodos de auto-correlação utilizando as transformadas de Fourier. Os mapas de autocorrelação para filamentos individuais são análogos à função Patterson da cristalografia de raios X. Podem ser considerados como mapas dos vectores presentes na imagem. Os vectores têm o espaçamento da subestrutura e isto reflecte-se nos picos da função de autocorrelação. Utilizaram também o cálculo da média rotacional empregando a estrutura de Fourier-Bessel e experiências de inclinação em que é medida a alteração do padrão de difração ótica que ocorre com a inclinação do filamento. O processamento de imagens por computador foi utilizado para atenuar o ruído de fundo presente nas micrografias electrónicas e para melhorar o sinal da subestrutura. Os resultados indicam a presença de uma subestrutura regular de filamentos em forma de bastão dispostos a 4 mm de distância numa estrutura hexagonal. Esta disposição não se ajusta ao modelo de empacotamento de Squire (1973), mas apoia o modelo de empacotamento de Pepe (1967) se a unidade estrutural for um dímero de miosina (Pepe, 1979).

***Dispersão de electrões.*** A dispersão de electrões pode ser utilizada para determinar a massa de filamentos espessos individuais e depois estimar o número de moléculas de miosina por repetição de 143 angstrom. O número de electrões dispersos numa matriz quadrada sobre a área observada da amostra é amostrado pelo instrumento de varrimento. O número total de electrões por imagem é também contado pelo instrumento. O número médio de eventos de dispersão por eletrão incidente para cada imagem é determinado pelas eficiências de recolha calculadas e pelo número detectado de electrões dispersos. O número de acontecimentos de dispersão está diretamente relacionado com o número de átomos na amostra. Se a massa por unidade de dispersão for conhecida, então a determinação da amostra é derivada de uma medição do número de unidades de dispersão. Este método evita os desvios devidos à agregação, fragmentação das partículas e purificação incompleta, medindo separadamente os filamentos espessos individuais.

Lanvik (1978) utilizou a dispersão de electrões para medir a massa por unidade de comprimento do filamento espesso do músculo estriado dos vertebrados. Esta medição foi de 87 x $10^3$ daltons por nanómetro e é consistente com três moléculas de miosina por 143 angstroms de repetição.

Utilizando o mesmo método em filamentos espessos de coelho, Reedy et al. (1981) confirmaram estes resultados, obtendo um valor de 2,86 pontes cruzadas por coroa. Eles também relataram um valor de 4,19 pontes cruzadas por coroa em vez das 6 pontes cruzadas por repetição mais comumente relatadas para o músculo Lethocerus. Reedy et al. sugeriram que a discrepância no caso do músculo Lethocerus pode ser devida à quebra de miofilamentos durante a preparação ou à perda de moléculas de miosina durante a dessalinização, causando uma redução no comprimento da massa. É possível que os estudos em vertebrados envolvam artefactos semelhantes, pelo que o valor de 2,86 para o músculo do coelho pode não ser exato. De facto, se os espécimes de Lethocerus e de coelho estiverem sujeitos a artefactos semelhantes, uma correção geraria um valor de 4,1 pontes cruzadas por repetição para o músculo de coelho.

## Análise bioquímica da estequiometria da miosina em relação à actina

**Análise de densitometria em gel de dodecil sulfato de sódio.** A estequiometria da actina/miosina, em conjunto com o peso molecular correto e a estrutura conhecida dos miofilamentos, os espaçamentos e a disposição da rede, deve gerar o número de pontes cruzadas de miosina por repetição de 143 angstrom. Nos primeiros estudos, Huxley (1960, 1972) e Hanson e Huxley (1957) forneceram uma estimativa quantitativa do conteúdo de miosina, mas estes resultados não eram fiáveis devido à falta de informações precisas sobre a estrutura, o espaçamento e a disposição da rede do miofilamento. Tregear e Squire (1973) efectuaram estudos em fibras homogeneizadas extraídas de glicerol de psoas de coelho, taenia coli de cobaia, voo de Lethocerus e perna. Após cinco ciclos de homogeneização e lavagem, as miofibrilas foram submetidas a eletroforese em gel de poliacrilamida com dodecil sulfato de sódio, com análise densitométrica utilizando Coomassie Blue como corante. Tregear e Squire (1973) utilizaram então a seguinte equação para calcular o número de pontes cruzadas de miosina por repetição de 143 angstrom:

$$N = ab \times \frac{(p_m m_a)}{(2 p_a m_{MH})} \times \frac{(l_a + l_o)}{(l_m - l_b)}$$

em que a é a relação entre a HC da miosina e a actina; b é a relação entre os filamentos finos e os filamentos grossos observados na região de sobreposição; $p_a$, $p_m$ são as repetições das subunidades da actina e da miosina; $m_a$, $m_{MH}$ são os pesos moleculares da cadeia pesada da actina e da miosina; $l_a$ é o comprimento da banda I; $l_o$ é a região de sobreposição da banda I na banda Z; $l_m$ é o comprimento da banda A; e $l_b$ é o comprimento da zona nua. Verificou-se que a massa relativa da cadeia pesada de miosina em relação à actina variava muito em diferentes músculos, desde aproximadamente 2,9 no músculo de voo do Lethocerus , a 1,22 no músculo da perna do Lethocerus, a 1/6 no psoas do coelho, a 0,44 na taenia coli de cobaia extraída com glicerol, a 0,25 na taenia coli de cobaia fresca. O número de moléculas de miosina por repetição de subunidade no psoas de coelho foi então determinado, com base nas dimensões conhecidas do filamento, e o peso molecular de 42 Kd para a actina e 5,21 x $10^5$ KD para a miosina. Os seus cálculos geraram um rácio de três pontes cruzadas de miosina por cada repetição de 143 angstrom.

Num estudo semelhante, que envolveu a eletroforese em gel de poliacrilamida com dodecil sulfato de sódio e a análise densitométrica das principais proteínas (actina, miosina, tropomiosina e troponina) numa preparação miofibrilar comparável (cinco ciclos de homogeneização e lavagem), Potter (1974) verificou que, no músculo do coelho, as razões molares aproximadas são 7 de actina, 1 de miosina, 1 de tropomiosina, 1 de troponina I e 1 de troponina C. Após correção para diferenças na ligação de bye, a razão entre a cadeia pesada de miosina e a actina é de 1,44. Com base nestes resultados e noutras informações estruturais semelhantes às utilizadas por Tregear e Squire (1973), obtiveram uma estimativa de 254 moléculas de miosina por filamento espesso, de acordo com um modelo de três cadeias.

Outro estudo foi efectuado por Morimoto e Harrington (1974) em miofibrilhas do psoas de coelho preparadas por extração de glicerol de um dia, de acordo com Rome (1972), e depois homogeneizadas e ressuspendidas numa solução de ureia 8M, seguida de centrifugação e diálise. A técnica de contagem de partículas foi utilizada para avaliar o peso molecular dos filamentos espessos isolados, que foram fixados com formaldeído a 2%, sedimentados em grelhas de microscópio eletrónico e depois corados com acetato de uranilo. O número por unidade de volume foi estimado utilizando o microscópio eletrónico para visualizar as partículas individuais. Foi utilizada uma dispersão de filamentos não fixados para estimar a concentração em peso das preparações de filamentos fixados. A partir desta informação, o peso molecular deste filamento de vertebrado foi de 204 x 106. Depois de ter em conta a fração de peso da proteína C, o número de moléculas de miosina por repetição axial foi de 4,3.

Noutros estudos que envolveram a eletroforese em gel de poliacrilamida com dodecil sulfato de sódio e densitometria, com correcções das razões de ligação de corantes da

cadeia pesada da miosina e da actina, a razão entre o peso da miosina e da actina foi de 2,65. O número de moléculas de miosina por repetição axial foi então calculado como 3,9, consistente com um modelo de cadeia encontrada para o filamento de miosina.
Morimoto e Harrington (1974) discutiram várias possibilidades para a discrepância entre os seus dados e a descoberta de Tregear e Squire (1973). Em primeiro lugar, após uma glicerinação prolongada do músculo (como fizeram Tregear e Squire), Morimoto e Harrington encontraram uma retenção selectiva de proteínas no topo da coluna de gel. A partir destes padrões de gel, as determinações do rácio entre o peso da cadeia pesada e o peso da actina deram valores significativamente mais baixos deste rácio. Em segundo lugar, se o músculo for deixado durante um período de tempo prolongado sem alterar o meio de extração, pode ocorrer uma proteólise não específica da cadeia pesada da miosina. Este processo conduzirá também a uma diminuição do rácio entre a cadeia pesada e o peso da actina. Em terceiro lugar, a relação mais elevada referida no estudo de Morimoto e Harrington (1974) pode ser o resultado da perda de actina no meio de extração, uma vez que estes utilizaram um solvente de força iónica significativamente mais baixa (50% glicerol, 7 mM fosfato de potássio) do que Tregear e Squire (50% glicerol, 20 mM fosfato de sódio, 100 mM KCl). No entanto, Morimoto e Harrington (1974) mostraram que o seu meio de extração de glicerol era desprovido de uma banda de actina (nível de deteção 0,1%) na eletroforese em gel de poliacrilamida com dodecil sulfato de sódio.

Pepe e Drucker (1979) reexaminaram o problema do encadeamento da miosina utilizando eletroforese em gel de poliacrilamida com dodecil sulfato de sódio e densitometria em filamentos de miosina esquelética de vertebrados. Foram preparadas várias preparações diferentes de miofibrilas, como se segue: (1) lavagem por ressuspensão em sal padrão, (2) lavagem durante a noite em sal padrão ou tampão TES, (3) glicerinação prolongada durante cinco dias e (4) glicerinação rápida durante três horas. A razão entre o peso da miosina e da actina para as miofibras não lavadas extensivamente foi de 1,86. Para todas as miofibras lavadas extensivamente, o rácio situava-se entre 2,51 e 2,56 em géis de dodecil sulfato de sódio a 6%. Assumiram que a lavagem extensiva removeu os contaminantes de actina e que o rácio correto de peso de actina para miosina era de 2,56. Usando uma equação semelhante à de Tregear e Squire (1973), calcularam valores de 2,7 e 3,7 para o número de moléculas de miosina por repetição para miofibras não lavadas extensivamente e lavadas extensivamente, respetivamente. Concluíram que o modelo de quatro cadeias é correto.

Pepe e Drucker também descobriram que as preparações brutas de miofibrilas podem conter contaminantes de actina que migram ligeiramente acima e abaixo da banda de actina na eletroforese em gel de poliacrilamida com dodecil sulfato de sódio. Concluíram que é necessária uma lavagem extensiva das miofibrilhas para remover os contaminantes de actina. No entanto, há ambiguidade quanto à remoção de contaminantes de actina ou da actina real durante a glicerinação prolongada e outras técnicas de lavagem extensiva dos seus dados. Não excluíram de forma conclusiva a extração preferencial de actina ou miosina durante o procedimento de lavagem, e os seus géis de dodecil sulfato de sódio não examinaram diretamente a questão dos contaminantes de actina que comigraram para os géis de poliacrilamida de dodecil sulfato de sódio.

**Análise de aminoácidos.** Yates e Greaser (1981) sugeriram que a variação considerável entre diferentes laboratórios na determinação da razão entre a massa de miosina e actina a partir de géis de poliacrilamida dodecil sulfato de sódio se devia a artefactos densitométricos de géis corados; contudo, não especificaram os tipos de artefactos, mas citaram Pepe e Drucker (1979) como tendo discutido problemas associados à densitometria. Pepe e Drucker (1979), no entanto, não discutiram esses problemas. Por conseguinte, com esta referência não fundamentada a Pepe e Drucker (1979), Yates e Greaser (1981) procederam à quantificação da actina e da miosina no tecido muscular e nas miofibrilhas através de medições diretas do teor de aminoácidos após eletroforese com poliacrilamida de dodecil sulfato de sódio e eluição de fracções de proteínas. Estas fracções foram preparadas por uma técnica de lavagem não extensiva, seguida de purificação ou de gradientes de Percoll, que permitem uma separação rápida do tecido conjuntivo e dos núcleos. Os géis de dodecil sulfato de sódio foram corados com Coomassie Blue e os aminoácidos foram extraídos de pedaços de gel hidrolisados. Apenas os aminoácidos ácidos ou neutros foram analisados devido às pequenas quantidades de proteínas analisadas e ao amoníaco produzido durante a hidrólise do gel de poliacrilamida.

O peso molecular da cadeia pesada da miosina foi estimado com base no número número de resíduos de aminoácidos, aproximadamente 1946 (Elzinga, comunicação comunicação pessoal), e no peso molecular médio dos seus aminoácidos, 114,5 g/mol ($10^5$ g/873 resíduos) (Yates & Greaser, 1983). Yates e Greaser calcularam os valores de peso molecular de 2,23 x $10^5$ g/mol para a cadeia pesada da miosina e 5,21 x $10^5$ miosina. O valor gerou um rácio de 2/5 moléculas de miosina por repetição. Yates e Greaser (1983) sugeriram que o número não-integral pode ser o resultado da proposição de coroas sucessivas com arranjos 3-2-3-2--- ou 3-3-2-3-3-2--- ou região(ões) dos filamentos espessos com duas ou três miosinas por repetição de 143 angstrom. Estes modelos complexos podem também explicar as reflexões de raios X observadas em músculos intactos, mas que não podem ser explicadas por modelos helicoidais simples. Yates e Greaser (1981) afirmam que os seus resultados são exactos por várias razões. Não houve perda diferencial de proteínas durante a preparação das miofibrilas porque as proporções encontradas no músculo e nas miofibrilas eram as mesmas. Além disso, a composição de aminoácidos das bandas de cadeia pesada de actina e miosina do tecido muscular electroforizado e das miofibrilas era semelhante à das proteínas isoladas, sugerindo que era improvável uma contaminação significativa com proteínas miofibrilares desconhecidas. Para além disso, a soma das proteínas miofibrilares conhecidas que têm um teor superior a 1% é de 96%. Isto sugere que os rácios e os conteúdos não são significativamente afectados pela difusão de proteínas do gel. Finalmente, existe uma relação linear entre o volume de amostra aplicado e as quantidades de cadeia pesada de miosina e actina. Os valores obtidos diretamente dos géis por análise de aminoácidos representam estimativas fiáveis das porções reais de miosina e actina.

No entanto, Yates e Greaser não conseguiram provar que não havia contaminantes de actina por várias razões. Os seus géis de poliacrilamida com dodecil sulfato de sódio foram sobrecarregados com 80 ug. Os contaminantes de actina poderiam estar presentes nestas bandas sobrecarregadas. Os seus géis foram corados apenas durante 1,5 horas, quando este estudo atual mostra que são necessárias pelo menos oito horas de coloração. Não foram utilizados sobrenadantes nos géis. A sequenciação de aminoácidos da actina foi efectuada no músculo inteiro, nas miofibrilhas e na proteína isolada e os resultados foram comparados. No entanto, o número de asp, glu, val, leu, tyr e phe foi o mesmo nos três casos. Os contaminantes de actina deveriam ter sido observados no músculo fresco. Por conseguinte, Yates e Greaser (1981) não demonstraram de forma conclusiva que a sua técnica era capaz de remover contaminantes de actina.

Em resumo, existe uma discrepância considerável entre os dados bioquímicos com estimativas de 2,5 a 4 moléculas de miosina por repetição, com base em dados estruturais em conjunto com a eletroforese em gel de poliacrilamida com dodecil sulfato de sódio da razão da cadeia pesada da actina ou da miosina. Os resultados são influenciados por diversos factores. Um desses factores é o método de preparação das miofibrilhas. Foi demonstrado que as técnicas de lavagem extensiva provocam um aumento do rácio, em oposição à utilização de lavagens não extensivas. As lavagens extensivas podem estar a lavar os contaminantes da actina, aumentando assim o rácio (Pepe & Drucker, 1979). Outros factores que afectam o rácio são a proteólise inespecífica da cadeia pesada da miosina e a retenção selectiva de proteínas no topo dos géis de dodecil sulfato de sódio após glicerinação prolongada, que tendem a diminuir o rácio; a perda de actina durante a preparação, que aumentaria o rácio; a difusão de proteínas dos géis de dodecil sulfato de sódio; e medições densitométricas incorrectas.

## Trabalho proposto

Uma questão crítica é saber se as diferenças na concentração de actina durante a glicerinação prolongada, a glicerinação rápida e a lavagem durante a noite resultam da perda de actina ou da remoção de contaminantes que comigram com a actina. A simples eletroforese unidimensional em gel de poliacrilamida com dodecil sulfato de sódio não pode responder a esta questão. Ao examinar a questão, tenciono fazer eletroforese bidimensional, utilizando eletroforese em gel de poliacrilamida com dodecil sulfato de sódio na primeira dimensão e focalização isoeléctrica na segunda dimensão em preparações miofibrilares de músculo de coelho.

Espera-se que o procedimento resolva numerosos problemas que ocorreram na determinação da relação de peso miosina-actina a partir de géis unidimensionais de dodecil sulfato de sódio. A contaminação da banda de actina com outras proteínas de peso molecular semelhante no dodecil sulfato de sódio confundiu os resultados anteriores. Pepe e Drucker (1979) já resolveram duas bandas de proteínas que migram ligeiramente acima e abaixo da banda de actina num gel de poliacrilamida (8%). A focalização isoeléctrica dos contaminantes de sódio permite uma medição mais exacta do teor de actina. Para além de detetar e quantificar os contaminantes da actina, o procedimento de focalização isoeléctrica bidimensional pode também esclarecer a questão da proteólise não específica, que tem sido citada como um possível artefacto (Morimoto & Harrington, 1974; Pepe & Drucker 1979; Potter, 1974; e Tregear & Squire, 1973).

Tenciono também utilizar preparações de miofibrilhas frescas, uma vez que a glicerinação prolongada pode conduzir a resultados espúrios, tal como referido por Morimoto e Harrington (1974).

# Capítulo 2
# MÉTODOS

## Preparação de miofibrilhas

As miofibrilhas do latissimus dorsi de coelhos brancos da Nova Zelândia foram preparadas através de vários procedimentos, como se segue:

**Preparações convencionais.** De acordo com o procedimento de Siemankowski e Dreizen (1978), o tecido excisado foi picado grosseiramente e adicionado a 15 volumes de solução de lavagem, contendo 1% de Triton X-100, 1 mM de $MgCl_2$, 1 mM de ditiotreitol, 7 mM de EGTA, 8 mM de $Na_2SO_3$, 8,3 uM de sulfito de sódio, 7 mM de fosfato de sódio e 0,1 M de KCL, pH 7,0. A mistura foi homogeneizada em um Sorvall Omnimixer e imediatamente centrifugada a 8.000 rpm por 10 minutos a 4°C. O sedimento foi ressuspendido em 1,2 litros de solução de lavagem e centrifugado como anteriormente. Foram repetidos mais três ciclos de lavagem, utilizando uma solução de lavagem sem Triton X-100. Antes da última centrifugação, a suspensão foi filtrada através de um pano de algodão.

As miofibrilhas também foram obtidas pelo procedimento de Pepe e Drucker (1979). O músculo fresco foi cortado em pedaços e homogeneizado em tampão TES (0,08M KCL, 1mM ácido N-tris-(hidroximetil)-metil-2-aminoetanossulfónico, 0,1mM ditiotreitol, pH7,0). O recipiente para a homogeneização esteve sempre imerso em gelo. Após a homogeneização, a suspensão de fibras foi centrifugada a 1500g durante 10 minutos. As fibras foram lavadas por ressuspensão até 10 vezes o volume embalado.

**Lavagem nocturna (Pepe e Drucker, 1979).** O músculo fresco foi suspenso em tampão TES até 50 vezes o volume das fibras embaladas e colocado num agitador na câmara fria (4o) durante a noite. Na manhã seguinte, as fibras lavadas foram recolhidas e centrifugadas a cerca de 1500 g durante 10 minutos, como descrito acima.

**Glicerinação rápida (Pepe e Drucker 1979).** O músculo fresco foi homogeneizado em fibras e depois glicerinado, suspendendo-o alternadamente durante intervalos de 3 minutos em glicerol tamponado a 50% e em sal padrão (Roma, 1972) durante um total de três horas. O volume de solução utilizado de cada vez foi 10 vezes o volume das fibras embaladas.

**Glicerinação prolongada (Pepe & Drucker 1979).** O músculo fresco foi homogeneizado em fibras de acordo com Siemankowski e Dreizen (1978), e depois armazenado em glicerol a 50% durante pelo menos cinco dias.

## Eletroforese em gel de poliacrilamida e dodecil sulfato de sódio

Os géis de poliacrilamida a 7,5% foram preparados de acordo com Weber e Osborn (1969). Uma alíquota (10 ul) de cada fração foi colocada em 90 ul de tampão de solubilização de dodecil sulfato de sódio e imediatamente fervida durante dois minutos. Depois de arrefecer até à temperatura ambiente, 80 ul de cada amostra foram distribuídos numa calha de amostras, utilizando uma série de seis a doze cargas diferentes (2 a 7 ug para cada gel). Os géis foram electroforeseados durante 1,5 horas a 50 volts por gel, corados com Coomassie Brilliant Blue durante 8 horas e depois descoloração em etanol a 12,5% e ácido ácido a 7,5% por difusão durante 24 horas. Os géis foram digitalizados utilizando um densitómetro laser Zeiner-Hellena a 637 nm. As áreas densitométricas dos picos da miosina e da actina foram medidas por planímetro e representadas em função da carga proteica total para determinar a gama de cargas em que se aplica a lei de Beer. A razão entre o peso da miosina e da actina foi obtida nesta gama, assumindo uma extinção igual para cada componente, tal como descrito por Siemankowski e Zobel (1976). A razão de peso foi corrigida para a diferença na ligação do corante entre a miosina e a actina (utilizando a coloração Coomassie Brilliant Blue) e também para a percentagem de peso da cadeia pesada da miosina na molécula de miosina.

Para determinar a ligação relativa do corante a diferentes cadeias polipeptídicas, as miofibrilhas em 6 a 12 concentrações diferentes (1 a 18 ug) foram colocadas em géis de dodecil sulfato de sódio de poliacrilamida a 7 ½%. Os géis foram corados durante 1 a 48 horas com Coomassie Brilliant Blue e, em seguida, analisados por varrimento densitométrico, como acima referido.

## Focalização isoeléctrica bidimensional

A focalização isoeléctrica foi efectuada conforme descrito por Siemankowski, Giambalvo e Dreizen (1978). Foram feitos esforços para melhorar a focalização da actina, utilizando anfolitos a 2% com pH 3,5-10 e pH 5-7 em vez de pH 4-6 e pH 5-8, e também focalizando durante mais tempo. Foram utilizados dois aparelhos de focalização isoeléctrica diferentes: um era uma unidade de electrofocalização 2117 LKB Multiphor com uma fonte de alimentação Buchler, o outro uma unidade de electrofocalização 2217 LKB Ultrapare com uma fonte de alimentação 2197 LKB.

# Capítulo 3
# RESULTADOS
## Rácio de ligação do corante da miosina à actina

Para determinar a ligação relativa do corante de diferentes cadeias polipeptídicas, as miofibrilhas em 6 concentrações diferentes (1 a 18 ug) foram colocadas em géis de dodecil sulfato de sódio de poliacrilamida a 7,5%. Os géis foram corados durante 1 a 24 horas com Coomassie Brilliant Blue e, em seguida, destapados durante 24 horas por difusão.

As figuras la e 1b são gráficos da área sob o pico densitométrico versus a concentração de proteínas em diferentes tempos de coloração. A figura 1c é um gráfico dos declives das figuras la e 1b em função do tempo. No espaço de 8 horas, a proporção de corante ligado à miosina aumenta para aproximadamente 90 a 10 ug de proteína para a miosina, e não se altera significativamente a partir daí (figura 1). Embora a ligação da actina aumente entre 16 e 24 horas (declive de 5,8 e 6,8, respetivamente), o aumento mais significativo ocorre entre 1 e 8 horas (declive de 4,2 a 5,8, respetivamente). Por conseguinte, todos os géis de dodecil sulfato de sódio foram corados durante 8 horas com Coomassie Blue.

A cadeia pesada de miosina e a actina parecem ligar-se ao Coomassie Blue com afinidades diferentes. O rácio de ligação ao corante da cadeia pesada da miosina em relação à actina foi determinado a partir dos declives da área do pico versus a concentração proteica para a actina e a cadeia pesada da miosina. Foi obtido um valor médio de 1,1 ± 0,10 desvio-padrão a partir de 36 amostras (três preparações de coelho). Comparáveis a este valor são os valores anteriores de 1,05 (Morimoto & Harrington, 1974) e 1,07 (Bullard & Reedy, 1972) para o rácio de ligação do corante da cadeia pesada da miosina e da actina. Os gráficos deste trabalho não foram corrigidos para a ligação do corante porque a razão de ligação do corante era muito pequena.

Figura 1a. Gráfico da área densitométrica (unidades planimétricas) em função da concentração de carga (ug) após eletroforese de poliacrilamida com dodecil sulfato de sódio de miofibrilhas preparadas pelo método convencional de Siemankowski e

Dreizen (1978). O componente actina foi medido. As linhas foram traçadas pelo método dos mínimos quadrados. A carga proteica corresponde à proteína miofibrilar total. A eletroforese em gel de poliacrilamida foi efectuada como descrito nos Métodos. Os géis foram corados com Coomassie Blue durante 1 hour,A; 8 horas Δ ; 16 horas, -; 24 horas, 0. O número de bandas foi o mesmo em toda a gama de concentrações.

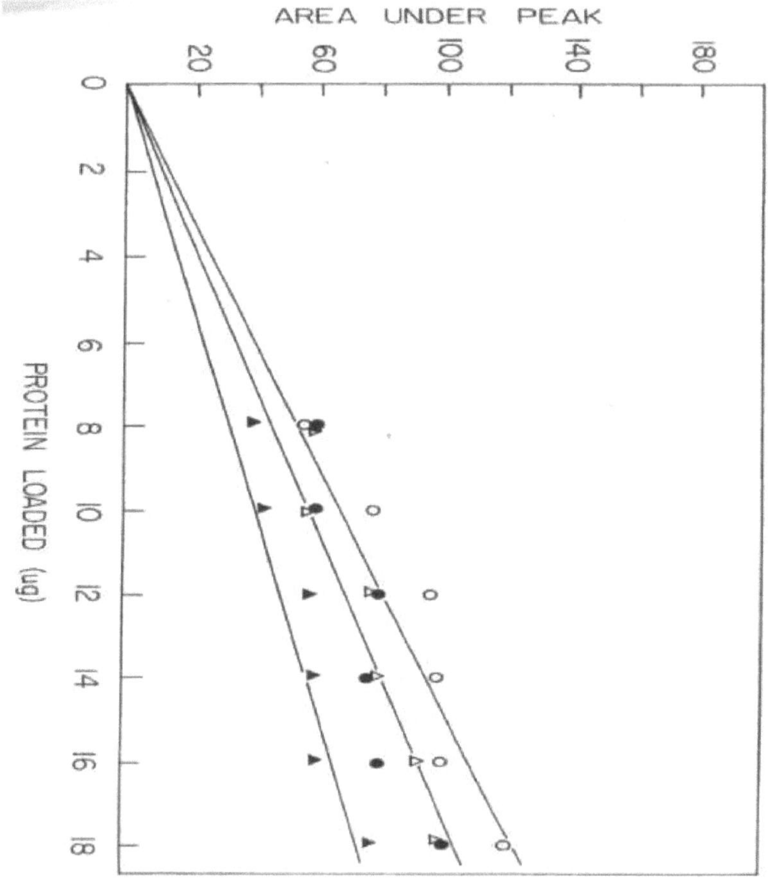


Figura 1b. Gráfico da área densitométrica da cadeia pesada de miosina em função da concentração total de carga (ug) após eletroforese em gel de poliacrilamida com dodecil sulfato de sódio de miofibrilhas preparadas pelo método convencional de Siemankowski e Dreizen (1978). Outras condições como na Fig. 1a.

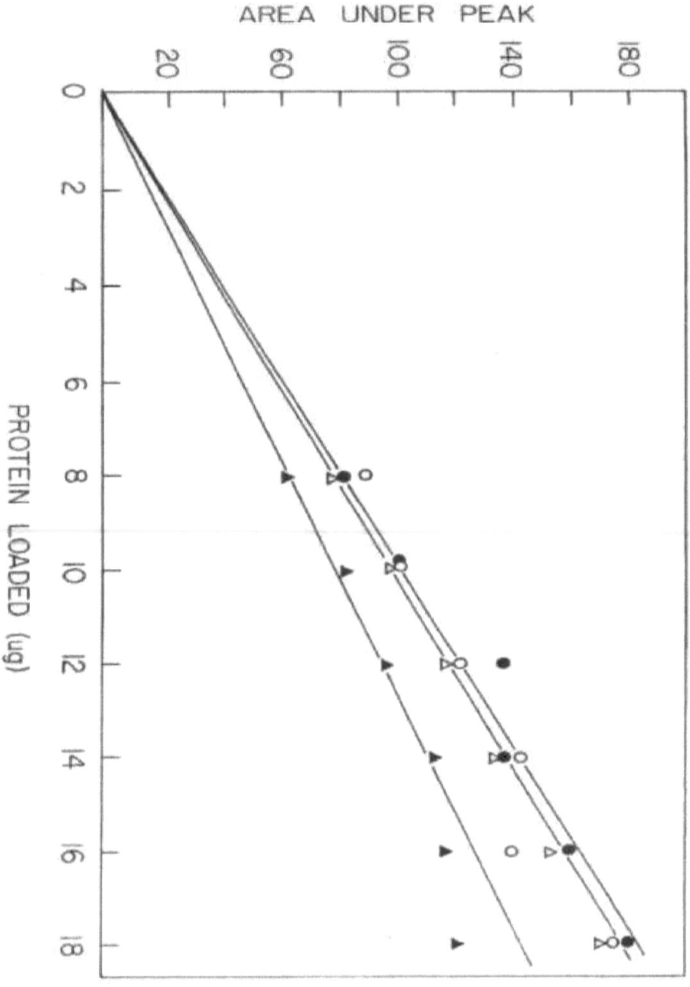


Figura 1c. Um gráfico dos declives na Fig. 1a e 1b versus tempo de coloração em Coomassie Blue. Declives da Fig. 1a, -; declives da Fig. 1b, ▲.

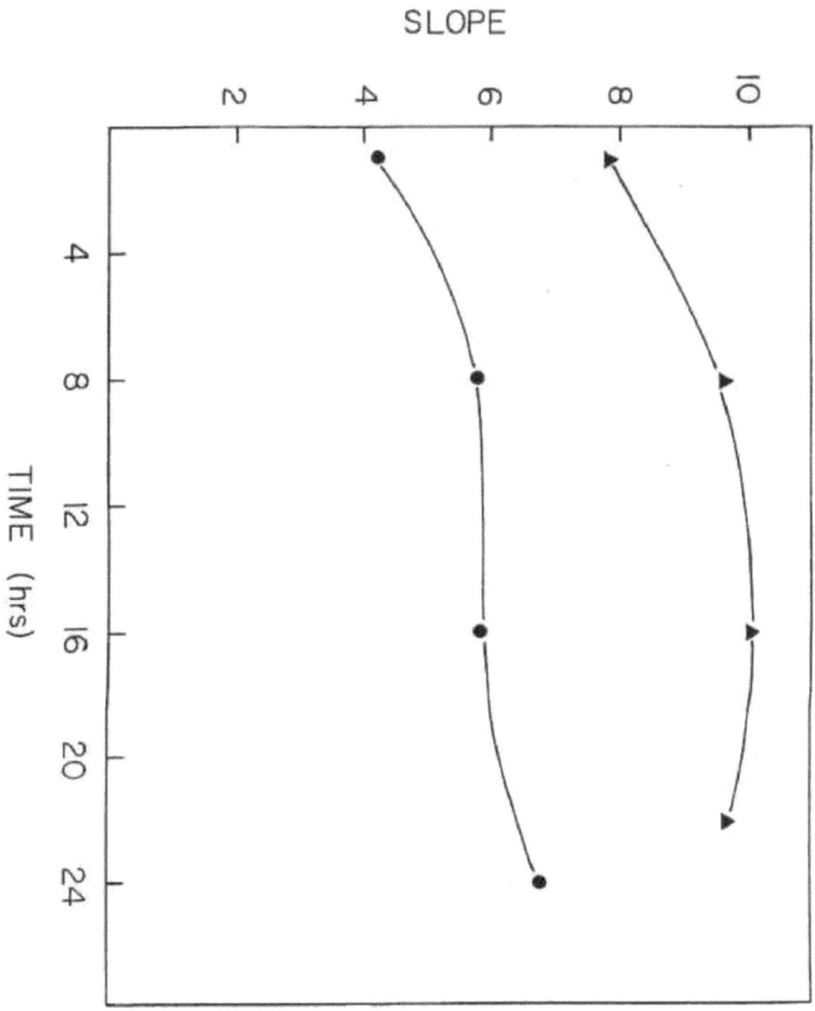
SLOPE
10
8
6
4
2
4
8
12
16
20
24
TIME (hrs)

## Dados sobre o Dodecil Sulfato de Sódio

As amostras de extrato muscular fresco e as miofibrilhas purificadas pelo método convencional (Siemankowski & Dreizen, 1978) foram submetidas a uma eletroforese em gel de poliacrilamida com dodecil sulfato de sódio a 75%. Um gel sobrecarregado é mostrado na Fig. 2. As miofibrilhas contêm cadeia pesada de miosina com peso molecular de 200.000, proteína da linha alfa M a 190.000, proteína da linha beta M a 180.000, proteína C a 140.000, alfa actina a 102.000, actina a 45.000, troponina T a 37.000, tropomiosina a 35.000. Cadeia leve 1 a 25.000, troponina I a 24.000 e cadeia leve 2 a 18.000. Também presentes nas miofibrilas, mas não vistas nas miofibrilas da Fig. 2, estão a proteína não identificada a 150.000, a troponina C a 20.000 e a cadeia leve 3 a 15.000. As razões para estas discrepâncias são desconhecidas. O homogenato total de músculo de coelho contém as proteínas acima referidas mais a fosforilase a a 97.000, albumina a 70.000, fosfoglucomutase a 60.000, piruvato quinase a 55.000, enolase a 50.000, gliceraldeído-3-fosfato desidrogenase a 33.000, alfa glicerofosfato desidrogenase a 33.000, triosefosfato isomerase a 27.000 e mioquinase a 24.000 (Giometti & Anderson, 1979). Nem todas estas proteínas podem ser vistas como bandas individuais na Fig. 2 porque o gel está sobrecarregado.

A razão estequiométrica entre a actina e a cadeia pesada de miosina foi determinada a partir da análise de gel de séries de concentrações a níveis de carga proteica total de 8 ug a 18 ug. A Figura 3 mostra um gráfico da área densitométrica versus concentração de carga proteica para uma dessas experiências. No total, foram determinadas 55 séries de concentrações utilizando diferentes concentrações de miofibrilhas e diferentes pipetas para carregar a proteína da amostra em três preparações diferentes de miofibrilhas e o valor médio da razão entre a cadeia pesada de miosina e o peso da actina é de 1,6 ± 0,10 (Quadro I). A percentagem de actina é de 27,95% da proteína miofibrilar total e a da cadeia pesada da miosina é de 42,30%. Após a correção do teor de cadeia leve (Lowey & Risby, 1971), a relação miosina/actina é de 1,84 ± 0,17. Utilizando este valor na equação de Tregear e Squire (1973): 4(1,84)(143/57)(42/53)(2,2/1,4) = 2,6 ± 0,30 miosinas por repetição de 143 angstrom usando o método de lavagem não extensiva da preparação convencional.

Figure 2. Gel de poliacrilamida com dodecil sulfato de sódio a 7,5% do músculo fresco e das miofibrilhas utilizadas neste estudo. As miofibrilhas foram preparadas pelo método de Siemankowski e Dreizen (1978). A, actina a 45 Kd; B, músculo fresco; C, miofibrilhas; M, cadeia pesada de miosina a 200 Kd. Foram carregadas 50 ug de proteínas em todas as pistas.

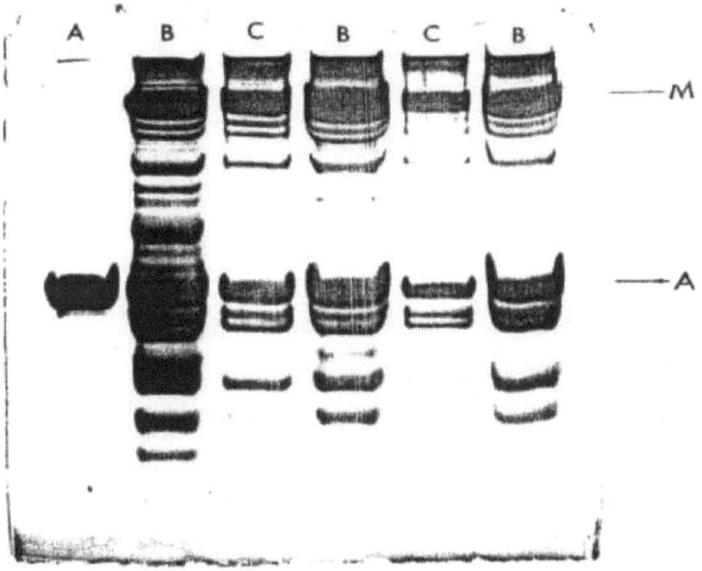


Figure 3. Um gráfico da razão entre o peso da cadeia pesada de miosina e o peso da actina após eletroforese em gel de poliacrilamida com dodecil sulfato de sódio de miofibrilhas preparadas por preparação convencional de miofibrilhas (Siemankowski & Dreizen, 1978). -, actina; o, cadeia pesada de miosina. Os dados não estão corrigidos em relação à ligação do corante. Os géis foram preparados como descrito nos Métodos e corados durante 8 horas.

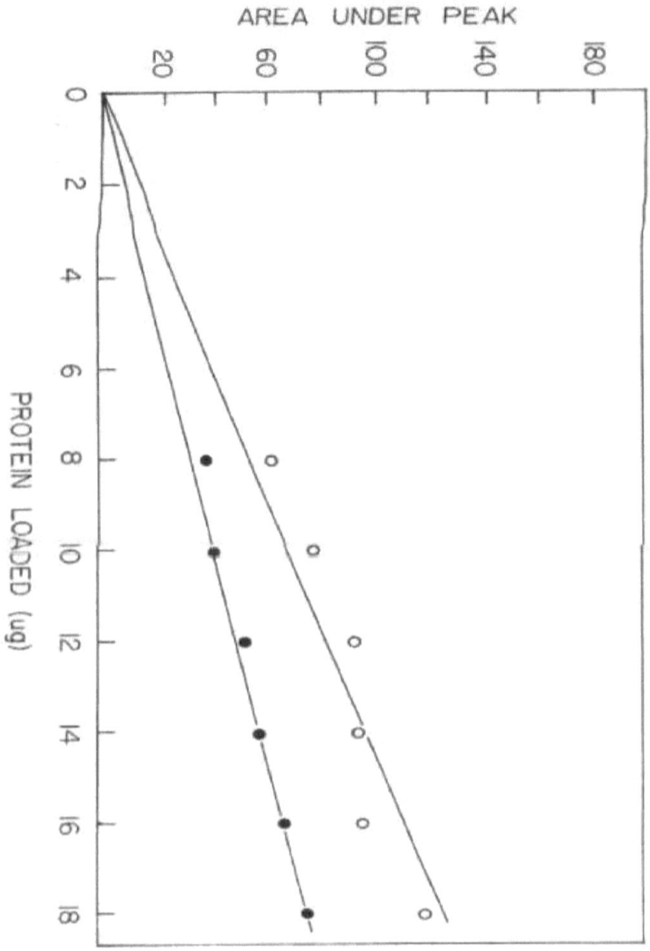


O cálculo do número de moléculas de miosina por 143 angstroms ao longo do filamento de miosina será efectuado tal como descrito por Morimoto e Harrington (1974), com algumas excepções: o comprimento da zona nua será considerado como 1.490 angstroms (Craig, 1977) em vez de 1.600 angstroms, e serão feitas correcções no comprimento da banda A que contém pontes cruzadas devido a lacunas observadas na periodicidade das pontes cruzadas perto das extremidades da banda A (Craig & Offer 1976).

O rácio miosina/actina de 2,6 aqui determinado é comparável com o valor de 2,7, que Pepe e Drucker (1979) obtiveram utilizando um procedimento semelhante. Pepe e

Drucker sugeriram que esta relação não era representativa da verdadeira relação miosina/actina mas em vez disso era baixa devido a contaminantes de actina. Para eliminar os contaminantes de actina, lavaram o músculo durante a noite em sal padrão e utilizaram glicerinação prolongada e rápida. Os seus resultados, bem como os nossos, mostram um aumento do rácio para 3,5-3,6 em todos os casos (Figuras 5-7 e Quadros I). A Figura 4 mostra bandas de cadeia pesada de actina e miosina de amostras de dodecil sulfato de sódio de miofibrilas lavadas durante a noite e preparadas convencionalmente. A Figura 5 mostra um gráfico da área densitométrica versus a concentração de carga proteica das miofibrilhas sujeitas a lavagem nocturna. No total, foram determinadas 25 séries de concentrações em 3 preparações diferentes de miofibrilhas e o valor médio do rácio cadeia pesada/actina é de 2,2 ± 0,28. Isto dá um rácio cadeia pesada de miosina/actina de 2,53 ± 0,30, de modo que o número de moléculas de miosina por repetição de 143 angstroms é de 3,5 ± 0,4. Estes valores estão igualmente de acordo com os dados de Pepe de 2,2 para a relação entre a cadeia pesada de miosina e a actina, 2,56 para a relação entre a miosina e a actina e 3,6 para o número de moléculas de miosina por repetição de 143 angstroms, tal como calculado para as miofibrilhas preparadas por glicerinação rápida.

A Figura 7 é um gráfico semelhante de dados obtidos de miofibrilas preparadas por glicerinação prolongada. A razão entre a cadeia pesada da miosina e a actina é de 2,22 ± 0,24, o que dá uma razão entre a miosina e a actina de 2,56 ± 0,26. O número de moléculas de miosina por repetição de 143 angstroms é de 3,6 ± 0,34 (Tabela I). Estes valores estão também de acordo com os dados de Pepe sobre a glicerinação rápida, tal como descrito acima,

Figure 4. Gel de poliacrilamida com dodecil sulfato de sódio a 7,5% de preparação convencional (A) e miofibrilhas lavadas durante a noite (B). As bandas aqui apresentadas são a cadeia pesada da miosina (M), a proteína da linha M alfa (MII), a proteína C (C), a actina (A), a troponina T (T) e a tropomiosina ™. A carga proteica é de 4 ug, a; 6 ug, b; 8ug, c; 10ug, d; 12 ug, e; 14 ug, f.

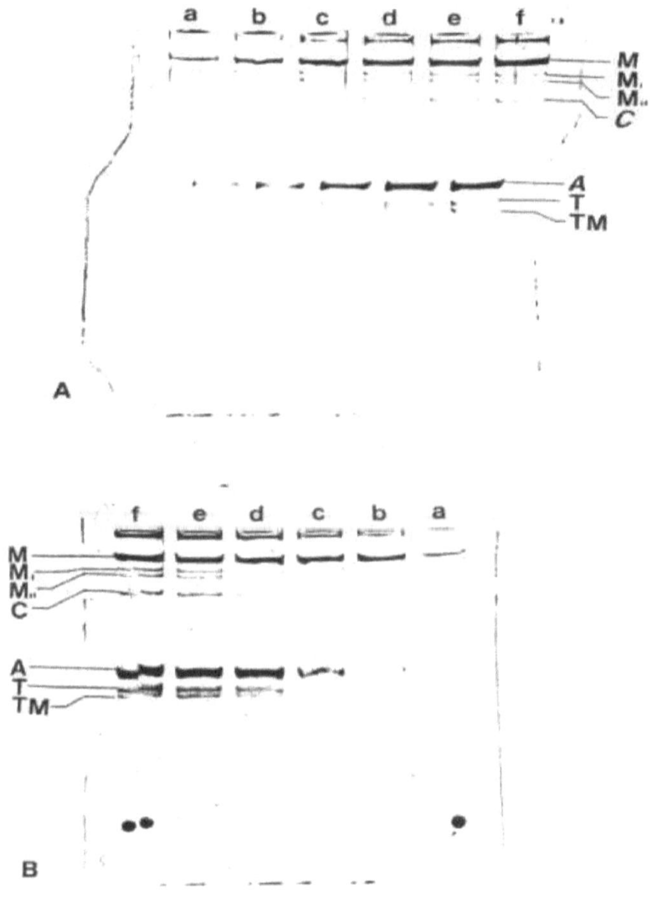


Figure 5. Gráfico da relação entre a cadeia pesada de miosina e o peso da actina após eletroforese em gel de poliacrilamida com dodecil sulfato de sódio de miofibrilhas preparadas por lavagem durante a noite Legendas iguais às da Figura . Amostras carregadas a 2, 5,8,10,14 e 17 ug.

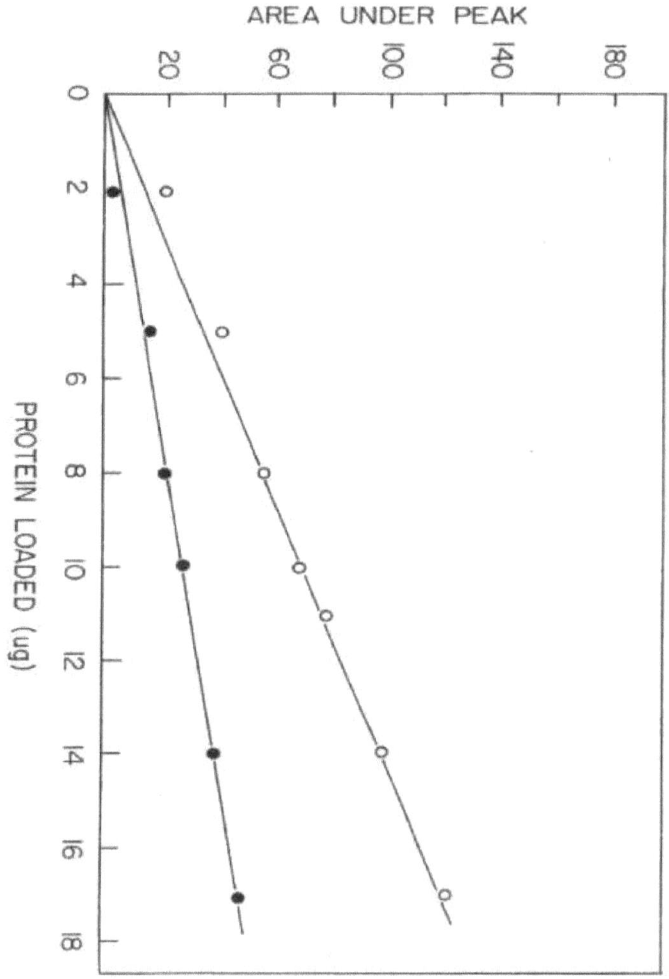


Figure 6. Um gráfico do rácio entre a cadeia pesada da miosina e o peso da actina após eletroforese em gel de dodecil sulfato de sódio de miofibrilhas preparadas por glicerinação rápida. Amostras com chumbo a 1,3,4,6,7,8,9,10,12,13,15,16, e 18 ug. Legendas iguais às da Figura 3.

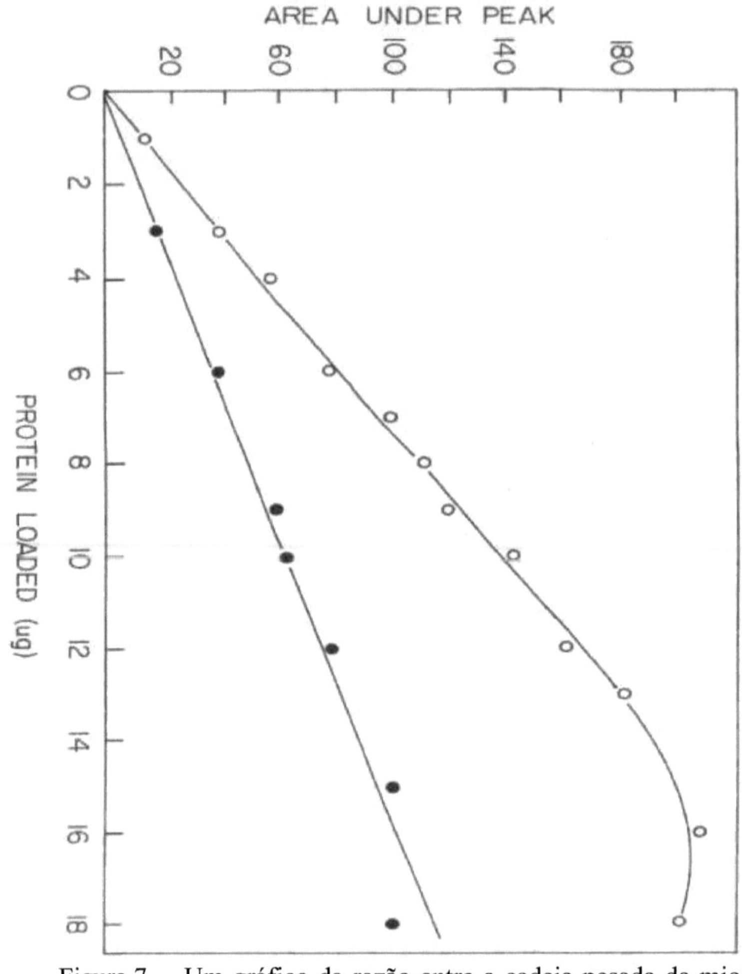


Figura 7. Um gráfico da razão entre a cadeia pesada da miosina e o peso da actina após eletroforese em gel de poliacrilamida com dodecil sulfato de sódio de miofibrilhas preparadas por glicerinação prolongada. Amostras carregadas a 2, 5, 8, 10 e 14 ug. As legendas são as mesmas da Figura 3.

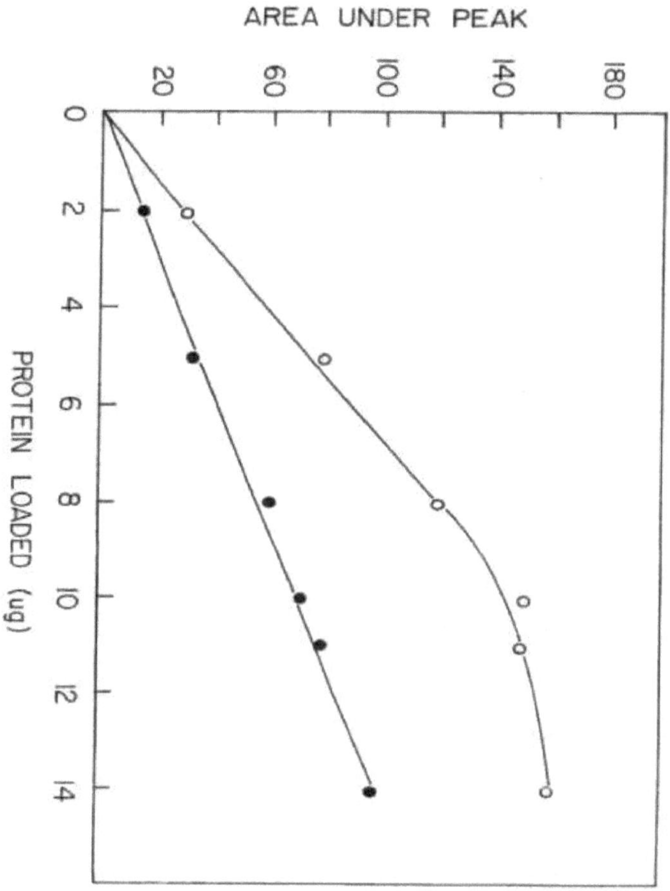
AREA UNDER PEAK
20
60
100
140
180
0
2
4
6
8
10
12
14
PROTEIN LOADED (ug)

Quadro I.

Um resumo dos dados sobre o número de moléculas de miosina por intervalo de 143 angstrom ao longo do filamento de miosina esquelética de vertebrados. +

| Procedimento | Rácio de peso da miosina HC/actina | Rácio de peso miosina/actina | Número de moléculas de miosina por repetição de 143 angstrom |
|---|---|---|---|
| Lavagem por ressuspensão | | | |
| em sal comum | $1.6 \pm 0.14^{++}$ | $1.84 \pm 0.17$ | $2.6 \pm 0.30$ |
| Lavagem nocturna | $2.0 \pm 0.28$ | $2.53 \pm 0.30$ | $3.5 \pm 0.37$ |
| Glicerinação rápida | $2.2 \pm 0.31$ | $2.53 \pm 0.33$ | $3.5 \pm 0.4$ |
| Glicerinação prolongada | $2.22 \pm 0.24$ | $2.56 \pm 0.26$ | $3.6 \pm 0.34$ |

$^{+}$ Em todos os casos, o comprimento da zona nua era de .15 um, o comprimento da banda A era de 1,56 um, o comprimento da banda I era de 2,2 um, o peso molecular da actina era de 42 Kd, o peso molecular da cadeia pesada de miosina era de 430 Kd, a repetição da subunidade de actina era de 57 angstroms.

$^{++}$Desvio padrão.

Os presentes resultados confirmam a contribuição de Pepe e Drucker (1979), segundo a qual a variabilidade da razão entre o peso da miosina e o da actina está relacionada com a técnica específica utilizada na purificação das miofibrilas. Em geral, os procedimentos de lavagem limitados a um único ciclo de ressuspensão dão uma relação miosina/actina mais baixa do que os procedimentos de lavagem mais extensos. A ocorrência de uma perda diferencial de proteínas durante a preparação das miofibrilas é ainda mais comprovada pela análise da composição proteica das miofibrilas frescas (Figura 8). Aqui é mostrado o rácio entre a actina e a cadeia pesada da miosina. A percentagem de cadeia pesada de miosina e a percentagem de actina foram então calculadas a partir da quantidade total de material nos géis de dodecil de sódio. A percentagem de cadeia pesada de miosina no músculo fresco é de 39,8% e é comparável com a percentagem de cadeia pesada de miosina nas miofibras preparadas por mim utilizando o método convencional (Siemankowski & Dreizen, 1978), que é de 38,7%. No entanto, a percentagem de actina no músculo fresco é de 28,2%, mas a percentagem de actina nas miofibrilas preparadas por mim utilizando o método convencional (Siemankowski & Dreizen, 1978) é de apenas 20,0%. Estes dados podem ser explicados pela perda selectiva de actina durante a purificação ou pela remoção de contaminantes proteicos que co-migram com a actina em géis de poliacrilamida de dodecil sulfato de sódio. Esta importante questão foi objeto de uma análise mais aprofundada.

## Focalização isoeléctrica bidimensional

O'Farrell (1975) descreveu um procedimento electroforético bidimensional em que o fracionamento de uma mistura complexa de proteínas ocorre de acordo com os pontos isoeléctricos inerentes às proteínas na primeira dimensão, seguido de fracionamento em dodecil sulfato de sódio de acordo com a massa numa segunda dimensão (perpendicular). Um inconveniente deste procedimento é que algumas proteínas podem não entrar no gel de focalização isoeléctrica de primeira dimensão (Aames & Nikaido, 1976). Este problema pode ser resolvido invertendo a ordem da eletroforese bidimensional, segundo um procedimento descrito por Siemankowski et al. (1978). As subunidades proteicas são solúveis em géis de dodecil sulfato de sódio, independentemente do seu comportamento durante a focalização isoeléctrica subsequente.

Figura 8. As proporções de miosina na cadeia pesada de miosina e actina no músculo fresco e na preparação convencional de miofibrilas (Siemankowski & Dreizen, 1978). Actina de miofibrilas -, cadeia pesada de miosina de miofibrilas o, actina de músculo fresco ▲, cadeia pesada de miosina de músculo fresco Δ. Os valores não foram corrigidos para a ligação do corante.

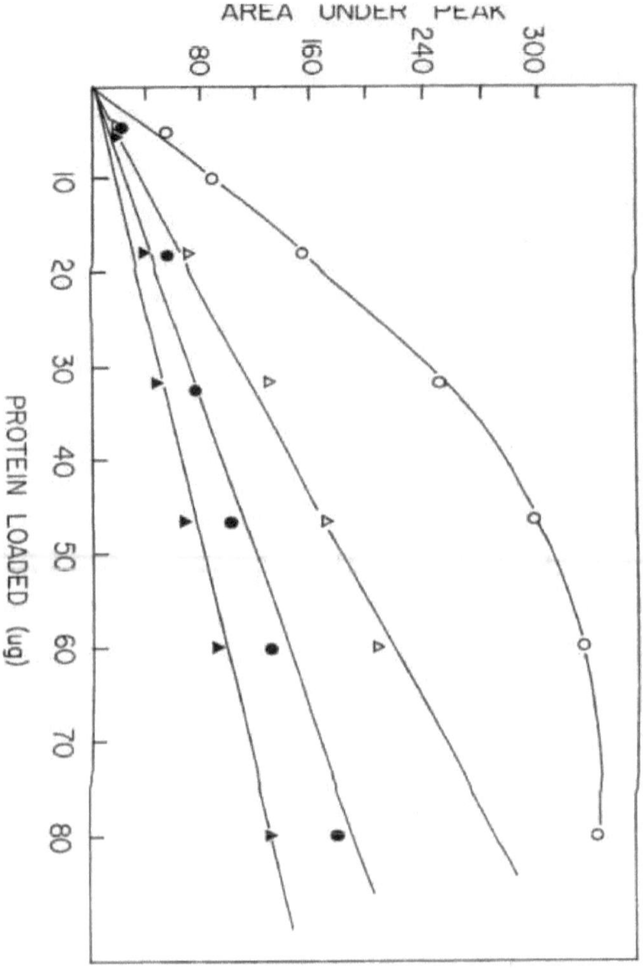
AREA UNDER PEAK
80
160
240
300
10
20
30
40
50
60
70
80
PROTEIN LOADED (ug)

O gel de ureia de focalização isoeléctrica de segunda dimensão foi também utilizado para testar a contaminação da actina e os resultados são apresentados nas Figuras 9 e 10. A figura 9 compara as miofibrilhas preparadas pelo método de Siemankowski e Dreizen (1978) (b) com o método de lavagem nocturna (Pepe & Drucker, 1979) (e). As setas 1, 2 e 3 identificam contaminantes da actina que podem ser a aldolase (seta 1) com um pK de 8,6 (Malamud & Drysdale, 1978) e a creatina quinase (seta 2) (Giometti et al., 1979). Outros possíveis contaminantes podem estar contidos na faixa de material (seta 3) ao lado da banda de actina focada (seta 4). A actina tem um pK de 5,7 e está estriada devido a sobrecarga. Quando se utilizam concentrações mais baixas de miofibrilhas ou de músculo fresco, observa-se facilmente a migração de uma mancha maior e de uma mancha menor mais ácida com actina muscular de coelho, tal como observado por Giometti et al. (1979) e observado no músculo fresco no presente estudo. Quando as miofibrilhas do método de ressuspensão em sal são comparadas com as preparadas por lavagem nocturna, observam-se mais contaminantes de actina no método de ressuspensão em sal. Parece que a lavagem mais extensa pode ser responsável pela diminuição dos contaminantes de actina. Se tal for verdade, deveria observar-se uma quantidade ainda maior de contaminantes de actina no músculo fresco, o que é efetivamente o caso (figura 10, a e b).

Também se vêem nas Figuras 9 e 10 (seta fechada, 5 e 6) as cadeias leves da miosina (LC) e os seus satélites. LC3, (6) com um pK de 5,08, LC2 de 5,43 e 5,30 (5), e LC1 de 5,76 (seta fechada) (Landsman, 1977). Esta micro-heterogeneidade indica a presença de variantes isoeléctricas. Foi também observada uma microheterogeneidade semelhante nas cadeias leves da miosina cardíaca canina (Siemankowski & Dreizen, 1978). As diferentes formas de LC2 podem refletir a presença de péptidos fosforilados e não fosforilados (Perrie et al., 1972).

A cadeia pesada da miosina não aparece no gel de focalização isoeléctrica, como observado anteriormente em todos os outros estudos. A sua incapacidade de penetrar no gel de poliacrilamida-ureia está relacionada com o seu grande tamanho (Mr 200.000) e estrutura em forma de bastonete (Gazith et al., 1970; Gershman et al., 1969).

Figura 9. Gel de ureia 2-D IEF de miofibrilhas preparadas pelo método convencional de Siemankowski e Dreizen (1978) (b) e lavagem durante a noite (e). A focalização isoeléctrica foi realizada por um LKB Multiphor e uma fonte de alimentação Buckler regulada por tensão . Os géis em placas (25 x 11 x 0,2 cm) eram compostos por 0,25 ug/ml de riboflavina; 2% de anfolina (LKB); 9 M de ureia (Schwartz/Mann, ultrapura); 0,9% de bis-acrilamida (N,N'-metilenobisacrilamida, Eastman); 5% de acrilamida (Eastman). As almofadas dos eléctrodos foram embebidas em ácido fosfórico 1 M (ânodo) e NaOH 1 M (cátodo). As amostras padrão de 20 ul de proteína em ureia 9 M, $NaN_3$ 3 mM, ditiotreitol 1 mM (Calbiochem), EDGTA 0,15 mM, ácido ascórbico 5 mM, glicina 0,138 M, glicerol 25%, tris 20 mM, pH 8,6 foram aplicadas em almofadas filtrantes na placa perto do cátodo ou do ânodo. Junto ao cátodo, foram aplicadas tiras de gel de dodecil sulfato de sódio. A electrofocagem foi realizada a 10°C. A tensão foi aumentada gradualmente de 200 para 1.000 V durante 1 hora e depois mantida constante a 1.000 V durante mais 7 horas. Os géis foram fixados em metanol a 32/5%, ácido tricloroacético a 10,5% e ácido sulfosalicílico a 3,3% durante 10 minutos a 55oC. Em seguida, foram embebidos em etanol a 95% durante 5 minutos e corados durante 10 minutos a 55oC em Coomassie Brilliant Blue R-250 a 0,1%, ácido tricloroacético a 10,5%, metanol a 32,5% e ácido sulfosalicílico a 3,2%. Por fim, foram descoladas por difusão em etanol a 25% e ácido acético a 8%. As setas indicam padrões de actina (a,c,f), padrão de miofibras (d), aldolase (1), creatina quinase (2), outros contaminantes semelhantes à actina (3), actina (4), cadeia leve 2 e satélite da miosina (5), cadeia leve 3 da miosina (6), cadeia leve 1 da miosina (seta escura), troponina c (7) e tropomiosina (8).

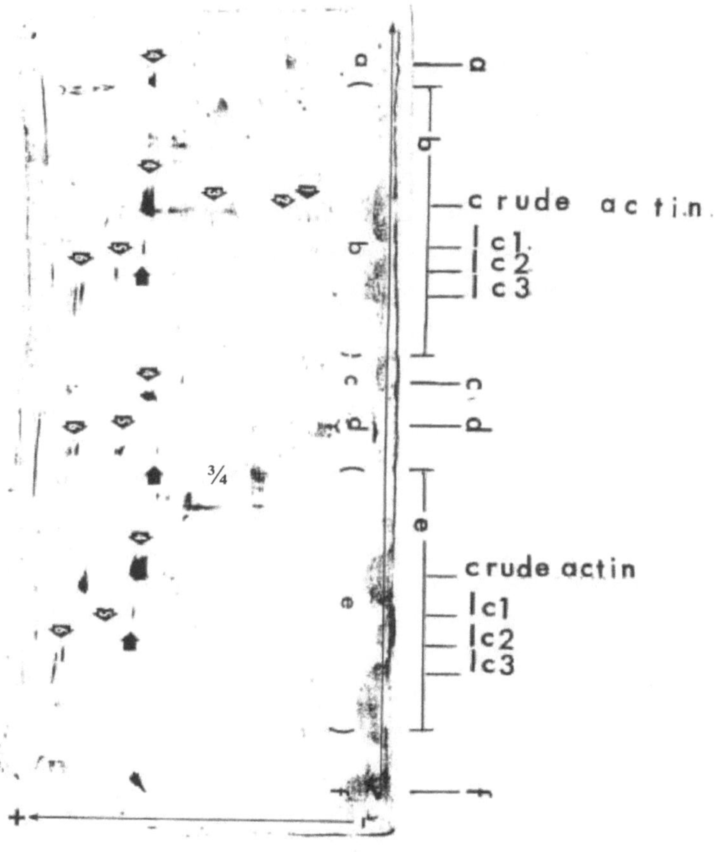


Figura 10. Gel de ureia 2-D IEF de músculo fresco. O mesmo procedimento que em Figura 8: (a) padrão de actina, (b) padrão de miofibras (c) lâmina de dodecil sulfato de sódio de músculo fresco, (1-8 e seta escura) igual à da Figura 8. Aparecem cristais de ureia nos bordos à esquerda e à direita.

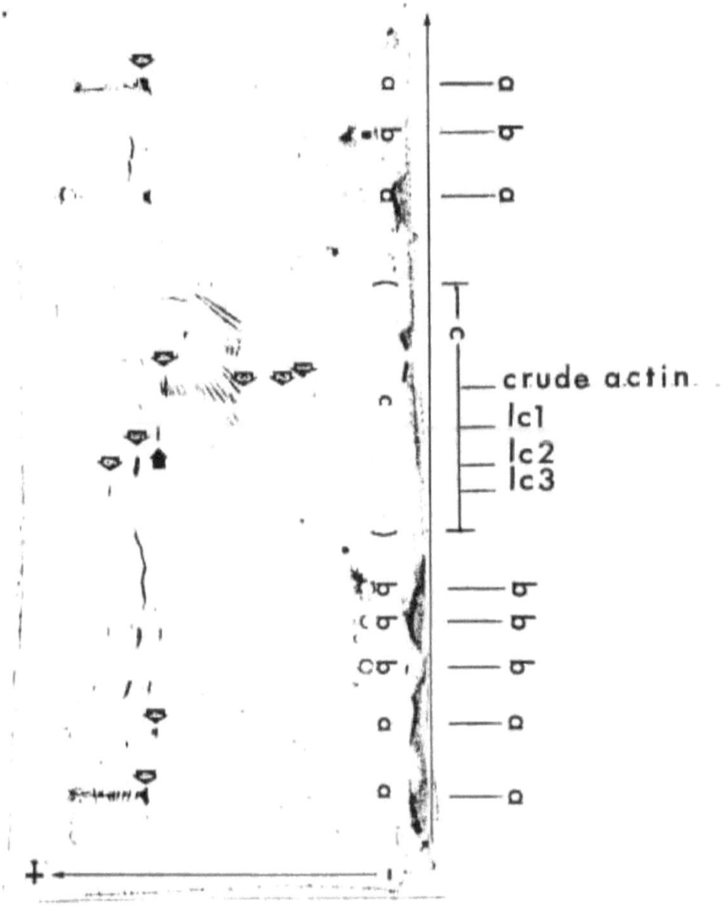
crude actin
lc1
lc2
lc3

Não consegui quantificar as proporções de contaminantes de actina nas preparações iniciais de miofibrilhas, apesar de ter recorrido a uma série de procedimentos diferentes, como se segue: (1) focalização isoeléctrica bidimensional com um Multipore 1 = LKB. Este método não permitiu a resolução clara da actina (2) focalização isoeléctrica em camada fina com um LKB Ultrapore. Este método produziu invariavelmente géis com artefactos proeminentes do tipo onda. Estas ondas são causadas por uma condutividade não uniforme ao longo dos eléctrodos, que ditam a condutividade. O resultado é uma mudança de pH. Estas ondas podem ser causadas por vários factores, tais como sal na amostra de gel, ânodo e cátodo incorrectos, cinato na ureia ou ácido acrílico na acrilamida. Tentei corrigir todos estes artefactos, mas as ondas continuaram presentes. (3) Eluição da banda de actina dos géis de dodecil sulfato de sódio, seguida de focalização isoeléctrica do eluente. No entanto, este procedimento não funcionou porque a actina se agregou após a eluição do gel.

Foram utilizados vários procedimentos para eluir a banda de actina dos géis de dodecil sulfato de sódio. O gel de dodecil sulfato de sódio cortado foi colocado num tubo electroforético em cima de um gel de empilhamento. A proteína foi electroforizada através do gel de empilhamento para uma solução de tris e sacarose (Suzuki et al., 1973). Este procedimento produziu uma concentração de actina demasiado baixa para ser visualizada num gel de focalização isoeléctrica, sendo difícil obter grandes quantidades de material liofilizado.

Num outro procedimento, os géis de dodecil sulfato de sódio cortados contendo bandas de actina das miofibrilhas foram embebidos na solução de interface de Siemankowski et al. (1978) para remover as anfolinas. Os géis cortados foram então electroforeseados num destainer e dialisados. A solução resultante deu origem a uma banda na eletroforese em gel de dodecil sulfato de sódio, mas nenhuma banda na focalização isoeléctrica. Concluiu-se que a actina se tinha agregado durante o procedimento. Foram tomadas medidas para evitar a agregação: (1) variou-se o tempo de permanência na solução de interface, (2) variou-se o tempo de eletroforese, (3) utilizaram-se diferentes tampões de eletroforese, (4) a proteína miofibrilar inicial foi aquecida em dodecil sulfato de sódio durante 45 minutos a 55°C em vez de ferver durante 2 minutos, (5) variou-se o tempo de diálise e (6) aumentaram-se as quantidades de mercaptoetanol e DTT. Nenhum destes procedimentos ou uma mistura dos mesmos resolveu o problema da agregação da actina.

O Quadro II é um resumo dos dados disponíveis sobre a estequiometria da miosina e da actina nas miofibrilhas, a partir de medições baseadas na eletroforese em gel de dodecil sulfato de sódio. Os presentes estudos confirmam que as miofibrilhas preparadas sem lavagem extensiva contêm cadeias pesadas de miosina e actina numa relação de 1,6 g/g, enquanto que nas miofibrilhas sujeitas a lavagem extensiva por qualquer um de vários procedimentos (glicerinação rápida, glicerinação prolongada ou lavagem durante a noite) a relação entre a cadeia pesada de miosina e a actina aumenta para 2,2 g/g. Pepe e Drucker (1979) sugeriram que a alteração da razão miosina/actina pode ser devida à remoção de contaminantes de actina que migram a 42 Kd em géis de poliacrilamida de dodecil sulfato de sódio, mas tal não foi explicitamente demonstrado. Yates e Greaser (1981) registaram 2,5 moléculas por repetição de 143 angstrom, argumentando que a sua actina era pura. Não forneceram provas suficientes da pureza da actina porque os seus géis de dodecil sulfato de sódio estavam demasiado carregados, podendo ocultar contaminantes de actina, e só coraram o gel durante 1,5 horas, enquanto este estudo mostra que é necessária uma coloração de oito horas. Além disso, não houve diferença na composição de aminoácidos da actina do músculo inteiro em comparação com as miofibrilas e a actina pura. Os presentes estudos mostram que a alteração do rácio miosina/actina pode ser devida à remoção de contaminantes de actina, que migram a 42Kd em géis de poliacrilamida de dodecil sulfato de sódio.

Parece improvável que a alteração do rácio miosina/actina se deva à degradação proteolítica selectiva da actina por várias razões. Em geral, a duração do processo de purificação não está associada ao aparecimento de produtos proteolíticos adicionais na eletroforese de poliacrilamida com dodecil sulfato de sódio. Além disso, até ao momento não existem proteases conhecidas que degradem seletivamente a actina. Em contraste, existem proteases que degradam seletivamente as cadeias pesadas (Siemankowski & Dreizen, 1978); mas qualquer efeito seletivo deste tipo teria feito com que a razão entre a cadeia pesada da miosina e a actina diminuísse em vez de aumentar. Finalmente, a relação entre a cadeia pesada de miosina e a actina atingiu

**Tabela II. Resumo dos dados de eletroforese em gel de dodecil sulfato de sódio disponíveis sobre o número de moléculas de miosina por intervalo de 143 angstrom ao longo do filamento de miosina do esqueleto dos vertebrados⁺**

| Procedimento | Rácio de peso da miosina HC/Actina | Rácio de peso miosina/actina | n* |
|---|---|---|---|
| Ressuspensão em sal padrão (Pepe & Drucker, 1979) | 1.62 | 1.86 | 2.7 |
| Lavagem nocturna (Pepe & Drucker, 1979) | 2.18 | 2.51 | 3.5 |
| Glicerinação, prolongada (Pepe & Drucker, 1979) | 2.2 | 2.56 | 3.6 |
| 5 lavagens e rotações (Tregear & Squire, 1973) | 1.54 | 1.77 | 3.0 |
| 5 lavagens e centrifugações (Potter, 1974) | 1.44 | 1.97 | 2.6 |
| Extração por glicerinação (Morimoto & Harrington, 1974) | | 2.65 | 3.9 |
| Lavagem não extensiva (Yates & Greaser, 1981) | | | 2.5 |

+As mesmas condições que no quadro I.

*O número de moléculas de miosina por 143 angstrom repetiu um nível de 2,2 g/g, mas não aumentou mais durante o armazenamento prolongado das miofibrilas, um resultado que poderia ser esperado da proteólise da actina, responsável pelo aumento da razão entre a cadeia pesada de miosina e a actina. Também parece improvável que os contaminantes da cadeia pesada da miosina sejam responsáveis pelo aumento da relação entre a cadeia pesada da miosina e a actina, na medida em que a eletroforese prolongada não apresenta qualquer heterogeneidade adicional para a banda da cadeia pesada (Pepe & Drucker, 1979).

O procedimento de focalização isoeléctrica bidimensional de Siemankowski et al. (1978) parece ser útil para determinar se a fração de actina é homogénea ou se contém contaminantes que são removidos das miofibrilhas por ciclos de lavagem repetidos. De acordo com o procedimento de Siemankowski et al. (1978), a focalização isoeléctrica de segunda dimensão pode revelar a heterogeneidade de várias bandas nos géis de dodecil sulfato de sódio. Além disso, ao ferver as amostras de proteínas em dodecil sulfato de sódio, obtém-se uma solubilização máxima das proteínas e as enzimas, como as proteases, são desnaturadas, detectando assim componentes proteicos que podem não ter sido reconhecidos no procedimento habitual de O'Farrell, em que a focalização isoeléctrica precede a eletroforese em dodecil sulfato de sódio e também minimiza possíveis artefactos proteolíticos.

O presente estudo revela que o músculo fresco e também a preparação inicial de miofibrilhas contêm contaminantes de actina, que parecem ser totalmente removidos após ciclos de lavagem prolongados. Estes contaminantes incluem a aldolase com um pK de 8,6, a creatina quinase com um pK de 6,8, a euactina com um pK de 4,6, todos com um peso molecular aparente de aproximadamente 42 Kd na eletroforese em gel de dodecil sulfato de sódio.

Em conclusão, parece provável que a alteração da razão entre a cadeia pesada de miosina e a actina de 1,6 para 2,2 nas miofibrilas sujeitas a ciclos de lavagem repetidos representa a remoção de contaminantes de actina. No entanto, na ausência de uma quantificação precisa dos contaminantes, não se pode determinar com certeza se a alteração do rácio se deve inteiramente à remoção de contaminantes e não à perda concomitante de actina nativa.

Assumindo que a razão entre a cadeia pesada da miosina e o peso da actina é de aproximadamente 2,2 g/g, parece que os filamentos de miosina contêm 3,5 ± 0,37 pontes cruzadas por 143 angstroms de repetição. Este número não integral pode refletir um erro experimental ou então uma variação do arranjo de empacotamento ao longo do comprimento do filamento de miosina. Por exemplo, podem existir quatro pontes cruzadas num plano da secção transversal, enquanto que ao longo do eixo do filamento podem estar presentes duas ou três pontes cruzadas. Esta conclusão seria consistente com relatos anteriores de variação do filamento espesso (Koretz, 1982).

Qualquer conclusão sobre a variação do arranjo de empacotamento ao longo do comprimento do filamento espesso não se enquadra, obviamente, nos arranjos de empacotamento simples sugeridos anteriormente por Squire e colaboradores (1972). No entanto, houve vários casos em que os dados de difração de raios X tiveram de ser reinterpretados (modelo de bloqueio estérico), e esta questão merece claramente ser reexaminada.

# Capítulo 4
# REFERÊNCIAS

Baccetti, B. Nouvelles observations sur l'ultrastructure du myofilament. J. Ultrastruct. Res. 13: 245-256, 1966.

Bullard, B. e Reedy, M. K. Quantas miosinas por ponte cruzada? II. Miosina do músculo do voo da mosca varejeira, Arcophaga bullata. Cold Spr. Harb. Symp. Quant. Biol. 37: 423-8, 1972.

Champlain, R. A. and Tregear, R. T. The mass of myosin per cross-bridge in insect fibrillary flight muscle. J. Mol. Biol. 21: 275-280, 1966.

Davey, C. L. and Graafhuis, A. E. Organization of myosin molecules in the muscle thick filament. Experientia. 32: 32-34, 1976.

Elliott, G. F. Uma câmara de difração de raios X de focagem ótica de pequeno ângulo na investigação biológica. Proc. R. Soc. Lond. (Biol). 160: 467-472, 1964.

Elliot, G. F. Variations of the contractile apparatus in smooth and striated muscles (Variações do aparelho contrátil nos músculos lisos e estriados). J. Gen. Physiol. 50: 171-184, 1967.

Elliot, G. F., Lowy, J. e Millman, B. M. Low-angle x-ray diffraction studies of living striated muscle during contraction. J. Mol. Biol. 25: 31-45, 1967.

Elzinga, M. e Collins, J. M. The amino acid sequence of rabbit skeletal muscle actin (A sequência de aminoácidos da actina do músculo esquelético do coelho). Cold Spr. Harbor Quant. Biol. 37: 1-8, 1972.

Emes, C. H. and Rowe, A. J. Frictional properties and molecular weight of native and synthetic myosin filaments from vertebral skeletal muscle. Biochim, Biophys. Ata. 537: 125-144, 1978.

Franzini-Armstrong, C., Varriano-Marston, E., e Haselgrove, J. C. Cross-bridges in vertebrate muscle. Biophysical Journal. 41: 98a, 1983.

Freundlich, A., Luther, P. K., e Squire, J. M. J. Muscle Res. Cell Motility. 1: 321343.

Gazith, J., Himmelfarb, S., e Harrington, W. F. Studies on the subunit structure of myosin. J. Biol. Chem. 245: 15-22, 1970.

Gershman, L. C., Stracher, A., e Dreizen, P. Subunit structure of myosin. 3. A proposed model for rabbit skeletal myosin. J. Biol. Chem. 244: 2726-2736. 1969.
Gilev, V. P. A ustrutura dos miofilamentos. II. Investigação adicional dos filamentos espessos do músculo do caranguejo. Biochem. Biophys. Ata. 112: 340-345, 1966.
Giometti, C. S., Anderson, N. G. e Anderson, N. L. Análise de proteínas musculares. 1. Eletroforese bidimensional de alta resolução de proteínas do músculo esquelético para análise de pequenas amostras de biopsia. Clin. Chem. 25: 1877-1884, 1979.
Godfrey, J. E. e Harrington, W. F. Auto-associação no sistema de miosina a elevada força iónica. I. Sensibilidade da interação ao pH e ao ambiente iónico. Biochemistry. 9: 894-908, 1970.
Hanson, J., e Huxley, H. E. Estudos quantitativos sobre a estrutura das miofibrilas com estrias cruzadas. II. Investigações por técnicas bioquímicas. Biochim Biophys. Ata. 23: 250-260, 1957.
Hasselback, W. e Schneider, G. Der L-myosin-und aktingenhalt des kaninahenmuskels. Biochem. Z. 321: 462, 1951.
Huxley, H. E. The double array of filaments in cross-striated muscle (O duplo conjunto de filamentos no músculo estriado). J. Biophys. Biochem. Cytol. 3: 631-648, 1957.
Huxley, H. E. In The Cell, eds. Brachet, J. e Mikeky, A. E. vol. 4, pp 365-481. Academic Press: Nova Iorque, 1960.
Huxley, H. E. Electron microscope studies on the structure of natural and synthetic protein filaments from striated muscle. J. Mol. Biol. 7: 281-308, 1963.
Huxley, H. E. Structural changes in the actin-and myosin-containing filaments during contraction (Alterações estruturais nos filamentos que contêm actina e miosina durante a contração). Cold Spring Harbor Symp. Quant. Biol. 37: 361-376, 1972.
Huxley, H. E. and Brown, W. Low angle x-ray diagram of vertebrate striated muscle and its behavior during contraction and rigor. J. Mol. Biol. 30: 383-434, 1967.
Huxley, H. E. e Hanson, J. Biochim. Biophys. Ata. 23: 229-249, 1957.
Koretz, J. F. Structural studies of isolated native thick filaments from rabbit psoas muscle with AMP deaminase decoration. Proc. Natl. Acad. Scie. USA. 79: 6205-6209, 1982.

Kuroda, M., Tanaka, T e Masaki T. Ea-actin, uma nova proteína estrutural da linha Z dos músculos estriados. J. Biochem. (Tokyo). 189: 297-310, 1981.

Lamvik, M. R. Massa do filamento espesso do músculo medida por dispersão de electrões. J. Mol. Bio. 122: 56-68, 1978.

Landsman, S. Structural and enzymatic properties of canine cardiac myosin as related to experimentally induced volume overload hypertrophy. Dissertação de doutoramento, Brooklyn, 1977.

Lowy, J., Poulsen, F. R. e Vibert, P. J. Myosin filaments in vertebrate smooth muscle. Nature. 225: 1053-1054, 1970.

Lowey, S., e Risby, D. Cadeias leves de miosinas musculares rápidas e lentas. Nature. 234: 81-85, 1971.

Luther, P. K. Tese de doutoramento, Universidade de Londres, Londres, 1978. Tese de doutoramento, Universidade de Londres, Londres, 1978.

Luther, P. K. and Squire, J. M. Three-dimensional structure of the vertebrate muscle M-region. J. Mol. Bio. 125: 313-324, 1978.

Luther, P. K. e Squire, J. M. Three-dimensional structure of the vertebrate muscle A-band. II. Superlattice do filamento de miosina. J. Mol. Bio. 141: 409-439, 1980.

Malamud, D. e Drysdale, J. W. Pontos isoeléctricos de proteínas: uma tabela. Anal. Biochem. 86: 620-647, 1978.

Marston, S. B. e Tregear, R. T. Evidence for a complex between myosin and ADP in relaxed muscle fibers. Nature New Biol. 235: 23-24, 1972.

Maruyama, K. and Weber, A. Binding of adenosine triphosphate to myofibrils during contraction and relaxation. Biochemistry. 11: 2990-2998, 1972.

Naw, M. C. e Rowe, A. J. Fraying of A-filaments into three subfilaments. Nature (Londres). 286: 412-414, 1980.

Morimoto, K. e Harrington, W. F. Substructure of the thick filament of vertebrate striated muscle. J. Mol. Biol. 83: 83-97, 1974.

Page S. e Huxley, H. E. Filament lengths in striated muscle. J. Cell Biol. 19: 369390, 1963.

Pepe, F. O filamento de miosina. I. Organização estrutural a partir da coloração de anticorpos observada em microscopia eletrónica. J. Mol. Bio. 217: 203-225, 1967.

Pepe, F. Progress in Biophysics. 19: 75-96, 1971.

Pepe, F. A. In Motility in Cell Function, eds. Pepe, F. A., Stanger, J. W. e Nachmais, V. T. pp 103-116. Academic Press: Nova Iorque, 1979.

Pepe, F. e Dowben. O filamento de miosina. V. Microscopia eletrónica de tensão intermédia e estudos de difração ótica da estrutura. J. Mol. Biol. 113: 199-218, 1977.

Pepe, F. A. e Drucker, B. O filamento de miosina. VI. Conteúdo da miosina. J. Mol. Biol. 130: 379-393, 1979.

Perrie, W. T., Smillie, L. B., e Perry, S. V. Um componente da cadeia leve fosforilada da miosina do músculo esquelético. Cold Spring Harbor Symp. Quant. Bio. 37: 17-18, 1972.

Potter, J. D. The content of troponin, tropomyosin, actin and myosin in rabbit skeletal muscle myofibrils. Archives of Biochemistry and Biophysics. 162: 436-441, 1974.

Reedy, M. K., Bahr, F. G. and Fischmann, D. A. How many myosins per crossbridge? I. Miofibrilas do músculo do voo da mosca varejeira, Sarcophaga bullata. Cold Spr. Harb. Symp. Quant. Biol. 37: 397-422, 1972.

Reedy, M. K., Leonard, K. R., Freedman, R. e Arad, T. Thick myosin mass determination by electron scattering measurements with the scanning transmission electron microscope. J. Muscle Res. Cell Motil. 2: 45-64, 1981.

Rome, E. Relaxation of glycerinated muscle: low-angle x-ray diffract on studies. J. Mol. Biol. 65: 331-345, 1972.

Siemankowski, R. F. and Dreizen, P. Canine cardiac myosin with special reference to pressure overload cardiac hypertrophy. I. Composição das subunidades. J. Biol. Chem. 253: 8648-8658, 1978.

Siemankowski, R. F., Giambalvo, A. e Driezen, P. Um novo procedimento analítico de eletroforese bidimensional de proteínas celulares: comparação das composições proteicas da estirpe-mãe e de um mutante de acumulação de $K^+$ de E. coli. Physiol Chem. And Physics. 10: 415-434, 1978.

Small, J. V. e Squire, J. M. Structural basis of contraction in vertebrate smooth muscle. J. Mol. Biol. 67: 117-149, 1972.

Smith, R. e Dreizen, P. Um modelo para a disposição das pontes cruzadas de miosina no músculo esquelético dos vertebrados. Biophys. J. 33: 83a. 1981.

Squire, J. M. General model for the structure of all myosin-containing filaments (Modelo geral para a estrutura de todos os filamentos que contêm miosina). Nature. 233: 457-462, 1971.

Squire, J. M. Modelo geral da estrutura dos filamentos de miosina. II filamentos de miosina e interações de ponte cruzada em músculos estriados de vertebrados e músculos de voo de insectos. J. Mol. Biol. 72: 125-138, 1972.

Squire, J. M. Modelo geral da estrutura do filamento de miosina. III. Arranjos de empacotamento molecular em filamentos de miosina. J. Mol. Biol. 77: 291-323, 1973.

Squire, J. M. Symmetry and three dimensional arrangements of filaments in vertebrate striated muscle (Simetria e disposições tridimensionais dos filamentos no músculo estriado dos vertebrados). J. Mol. Biol. 90: 153-160, 1974.

Squire, J. M. The Structural Basis of Muscle Contraction (As bases estruturais da contração muscular). p. 271. Plenum Press: Nova Iorque, 1981.

Stewart, M., Francis, T. A., Lieberson, R., e Pepe, F. A. The myosin filament. IX. Determinação das posições dos subfilamentos por processamento informático de micrografias electrónicas. J. Mol. Bio. 153: 381-392, 1981.

Tregear, R. T. and Squire, J. M. Myosin content and filament structure in smooth and striated muscle. J. Mol. Biol. 77: 279-290, 1973.

Trinick, J. A. Tese de doutoramento, Universidade de Leicester, Leicester, 1973. Tese de Doutoramento, Universidade de Leicester, Leicester, 1973.

Trinick, J. A. e Elliott, A. Electron microscope studies of thick filaments form vertebrate skeletal muscle. J. Mol. Bio. 131: 133-136, 1979.

Weber, K. e Osborn, M. The reliability of molecular weight determinations by dodecyl sulfate-polyacrylamide gel electrophoresis. J. Boil. Chem. 244: 44064412, 1969.

Yates, L. D., e Greaser, M. L. Quantitative determination of myosin and actin in rabbit skeletal muscle (Determinação quantitativa de miosina e actina em músculo esquelético de coelho). J. Mol. Biol. 168: 123-141, 1983.

MIX
Papier aus verantwortungsvollen Quellen
Paper from responsible sources
FSC® C105338

Printed by Books on Demand GmbH, Norderstedt / Germany